中国武陵山区蕨类植物

严岳鸿　周喜乐　主　编

中国林業出版社
CFPH China Forestry Publishing House

图书在版编目（CIP）数据

中国武陵山区蕨类植物 / 严岳鸿，周喜乐主编. -- 北京: 中国林业出版社，2021.4

ISBN 978-7-5219-0996-8

Ⅰ. ①中… Ⅱ. ①严… ②周… Ⅲ. ①山区—蕨类植物—介绍—西南地区
Ⅳ. ①Q949.36

中国版本图书馆CIP数据核字（2021）第021392号

审图号：GS（2021）1579号

中国林业出版社

责任编辑：盛春玲　邹　爱

出版咨询：（010）83143571

出　版	中国林业出版社（100009 北京市西城区刘海胡同7号）
网　站	http://www.forestry.gov.cn/lycb.html
印　刷	北京博海升彩色印刷有限公司
发　行	中国林业出版社
电　话	（010）83143571
版　次	2021年4月第1版
印　次	2021年4月第1次印刷
开　本	850mm × 1168mm 1/32
印　张	10
字　数	493千字
定　价	88.00元

《中国武陵山区蕨类植物》编委会

主　编

严岳鸿　周喜乐

副主编

韦宏金　张代贵　刘炳荣

编　委（按拼音排序）

陈功锡　谷志容　顾钰峰　何祖霞　金冬梅　李克刚　梁　芳

刘炳荣　商　辉　舒江平　宿秀江　韦宏金　吴　磊　向　阳

严岳鸿　易思荣　喻勋林　张代贵　张九兵　周建良　周喜乐

摄　影

韦宏金　严岳鸿　周喜乐　张代贵　宿秀江　吴　磊　刘　虹

顾钰峰

Pteridophytes in Wulingshan Mountains，China

Editors in Chief

Yan Yuehong　　Zhou Xile

Deputy Editors in Chief

Wei Hongjin　　Zhang Daigui　　Liu Bingrong

Editor Members（In alphabetical order）

Chen Gongxi　　Gu Zhirong　　Gu Yufeng　　He Zuxia
Jin Dongmei　　Li Kegang　　Liang Fang　　Liu Bingrong
Shang Hui　　Shu Jiangping　　Su Xiujiang　　Wei Hongjin
Wu Lei　　Xiang Yang　　Yan Yuehong　　Yi Sirong
Yu Xunlin　　Zhang Daigui　　Zhang Jiubing　　Zhou Jianliang
Zhou Xile

Photographers

Wei Hongjin　　Yan Yuehong　　Zhou Xile　　Zhang Daigui
Su Xiujiang　　Wu Lei　　Liu Hong　　Gu Yufeng

资助项目：
中国科学院战略性先导专项（A 类）XDA19050404；
中国科学院植物园运行管理（ZSZY-001）；
科技部科技基础专项“武陵山区生物多样性综合科学考察”（2014FY110100）。

中国武陵山区蕨类植物

编写说明

本书图文并茂地介绍了武陵山区石松类和蕨类植物的区系组成、多样性特点和分布，书中共记载武陵山区石松类和蕨类植物 33 科 95 属 580 种（含种下等级，下同）。有关编写情况说明如下：

1. 编排内容　书中按照蕨类植物系统发育顺序依次介绍各科，每个科都有特征描述、全世界属种数目、在全世界的分布、中国的属种数目以及武陵山区的属种数目。介绍了每个属在武陵山区的分布数量，对于一些重要或者有争议的种做了简单评述，同时对比《武陵山地区维管植物检索表》（王文采，1995），将归并的种类也做了讨论。对于包含 2 种及以上的属都做了分种检索表；种类介绍时每个种都有中文名和拉丁名，对于部分中文名有变动的种，后面附有原有名称；对于文献资料中有记载，现已归并的物种名称作为异名附在现用名称后面；对于近几年因属的变动而调整的名称也将原有拉丁名作为异名附在现用名称后；书中收录的异名以《武陵山地区维管植物检索表》书中记载种类为主。介绍的物种多附有野外照片。

2. 武陵山区地理范围　本书武陵山区地理范围采用中华人民共和国国家民族事务委员会网站（http://www.seac.gov.cn）中武陵山片区的概念，即利川市、恩施市、建始县、巴东县、秭归县、长阳县、石柱县、彭水县、丰都县、武隆县、道真县、正安县、务川县、湄潭县、凤冈县、安化县、新化县、冷水江市、涟源市、洪江市、洞口县、隆回县、新邵县、会同县、靖州县、绥宁县、武冈市、通道县、城步县、新宁县，以及《武陵山地区维管植物检索表》一书中的咸丰县、来凤县、宣恩县、鹤峰县、五峰县、黔江区、酉阳县、秀山县、沿河县、德江县、印江县、思南县、松桃县、余庆县、石阡县、江口县、碧江区、施秉县、镇远县、岑巩县、玉屏县、万山区、石门县、桃源县、慈利县、桑植县、武陵源区、永定区、沅陵县、溆浦县、永顺县、古丈县、吉首市、泸溪县、辰溪县、中方县、龙山县、保靖县、花垣县、凤凰县、麻阳县、鹤城区、芷江县、新晃县，总面积约16万km^2。将《武陵山地区维管植物检索表》一书中武陵山地区的概念作为本书的核心区域重点调查研究。

3. 分类系统　本书科属所用分类系统为蕨类植物最新的PPGI（The Pteridophyte Phylogeny Group）（Schuettpelz E et al., 2016）系统，相比FOC（《Flora of China》）（Wu ZY et al., 2013）有变化的科属，文中都作了说明。

4. 物种来源　对于核心区域的种类，本书收录的物种综合了文献、标本资料以及作者多年的野外调查成果，文中所列的野外未见种，是指作者在核心区域野外调查中未见到，但文献资料有记载且没有被归并的种。对于非核心区域的种，仅收录作者野外调查中见到的种。本书580个种中有101个野外未见，这部分种可能是本身分布中心不在武陵山区导致野外很难见到，也可能是野外数量稀少很难见到，或者本身存疑在野外很难区分。

5. 图片来源　本书作者野外调查到的种都附有作者在武陵山区拍的野外照片（个别种用的武陵山区采集的标本照片）；对于作者野外没有调查到，但根据文献资料武陵山区有记载的物种，附的照片都拍自武陵山区以外的地方，或用采自其他地方的标本照。少数物种因本身可能存疑在野外很难分辨，本书仅收录该名称，没有附照片（62 种）。

植物多样性调查是一项复杂、长期、艰苦的工作，感谢为本书的工作提供帮助的单位和热心人士！由于编者水平、时间、精力有限，疏漏、错误和不足之处难免，谨请读者批评指正！

序

近年来，随着国家对生态文明的重视，中国生物多样性的基础调查成果不断涌现。将最新的生物多样性调查研究成果以图文并茂的方式展示给读者，不仅可以及时修订和更新中国生物多样性的最新国情资料，而且还可以极大地促进社会公众对中国生物多样性的了解，从而更有效地保护威胁日益严重的生物多样性。严岳鸿研究员等最新编著的《中国武陵山区蕨类植物》无疑是这样一本兼具科学研究价值和科普教育价值的新作。

“地球上有多少物种？”一直是受到广泛关注的科学问题。要回答这个问题并非易事，一方面需要分类学家不断地在野外发现新的物种，另一方面还需要不断地整理和修订过去发表的物种名称。武陵山区是中国内陆腹地生物多样性分布的热点地区之一，早在上世纪八十年代，我们所的老一辈植物学家王文采先生就带领全国植物分类学家在该地区开展广泛的采集和调查研究工作，并出版了《武陵山地区维管植物检索表》。时至今日，大量的物种名称已经变更，大量的新纪录甚至新种被发现，武陵山地区的生物多样性资料亟待重新整理和修订。

概览《中国武陵山区蕨类植物》一书，认为该书有如下几个特点：一是对该地区过去发表的文献资料进行了系统的整理和修订，不是依赖一个简单的物种名录进行图片的匹配成书；二是该书所使用的照片大多数为作者在武陵山区拍摄，并对没有照片但有标本的物种进行了认真的考证，体现了严谨的分类学治学态度；三是采用了最新的分类系统及蕨类植物各科属系统分类学最新研究成果；四是简要总结评述了科或属的分类学研究进展和该科属在武陵山区的物种分布情况，很多新的认知成为本书的亮点。

严岳鸿研究员数十年来一直专注于中国蕨类植物多样性调查和分类研究。十余年前开始关注武陵山地区的蕨类植物多样性并得到我当时主持的科技部科技基础条件平台项目的资助。十年磨一剑，《中国武陵山区蕨类植物》一书即将付梓，甚为欣慰。希望该书的出版能促进武陵山区的生物多样性保护和研究，希望有更多的中国学者关注薄弱地区的生物多样性的基础性调查研究。

马克平

2020 年 9 月于北京香山

中国武陵山区蕨类植物

前言

从湖北秭归的屈原到湘西凤凰的沈从文，从夜郎古国到苗夷传说，数千年来，人杰地灵的武陵山区一直是中国内陆腹地一方最为神秘的土地。

武陵山区位于中国第二阶梯云贵高原和第三阶梯江南丘陵的交界之地，独特的地理位置、复杂的地形地貌和稳定的地质历史孕育了丰富的生物多样性，形成了大量的特有植物，保留了众多的孑遗植物，成为中国生物多样性分布的一个热点地区。1995 年王文采先生主编的《武陵山地区维管植物检索表》一书中记载维管植物 217 科 1039 属 4168 种（含种下分类单元），其中蕨类植物有 608 种（含种下分类单元），约占中国蕨类植物种类总数的 1/4。然时至今日，随着分类学的发展和调查的深入，众多新类群被发现，大量旧名称被处理，人们对武陵山地区的蕨类植物的认识只残存一些模糊的记忆。

对于武陵山区蕨类植物的系统调查，始于 20 世纪 80 年代中国科学院植物研究所组织的武陵山植物调查队的大规模采集，尤其是湖南省林业科学院的张灿明教授和上海师范大学的吴世福教授对该地区蕨类植物的系统调查和研究。此后，湖南科技大学的刘炳荣副教授、吉首大学的陈功锡教授和张代贵高级工程师、湖南保靖白云山自然保护区的宿秀江教授级高级工程师等，多年来一直在该地区进行不懈地调查和标本采集。2007 年以来，在马克平研究员主持的“标本数字化平台项目”的资助下，湖南科技大学、吉首大学、中南林业科技大学的师生在武陵山区湖南境内开展了广泛的标本采集，采集蕨类植物标本 5000 余号并进行了标本数字化；2011—2016 年间，在上海市绿化和市容管理局科技项目和国家自然科学基金项目的资助下，上海辰山植物园蕨类植物多样性研究组对武陵山区尤其是贵州、重庆、湖北境内开展了大量的补充调查，共采集 2000 多号蕨类植物标本。正是来自武陵山区的万余份蕨类植物标本，使得我有机会对该地区蕨类植物多样性有更多的了解。

分类系统的变化和物种名称的修订使得中国学者对许多常见蕨类植物的鉴别都感到一筹莫展。由于《中国植物志》蕨类部分采用秦仁昌系统，大家对此均已十分熟悉并了然于心。然而随着分子系统学的发展，《Flora of China》中采用了最新的分子系统学研究成果，许多重要的科属概念被重新界定，由于没有及时出版中文版工具书，致使许多植物学工作者难以改变过去的科属观念。随后，国际蕨类植物分类学家共同推出 PPGI 系统，更是打乱了对蕨类植物科属分类的传统认识。因此，本书采用最新 PPGI 系统的基本框架，并结合最新的系统分类学进展，重新整理了武陵山区蕨类植物的基本科属分类范畴，以期国人对 PPGI 系统有全面的认识。

无论分类系统如何变化，物种才是生物多样性的核心。随着近年来“大种”概念的流行，大量的物种名称被修订或归并处理，导致原《武陵山地区维管植物检索表》等文献记载的大量物种名称已“不见踪影”；因此，我们力求追踪这些物种名称在新旧文献中的来龙去脉，并为此进行了必要的说明和评述。然而，一方水土养育一方植物，本书收录的蕨类植物照片和标本照片大部分来自武陵山区，只有野外未调查到的种才使用武陵山区外拍摄的照片，以此反映不同物种在这片神奇的土地上真实的变异情况；虽然这些丰富的形态性状变异为我们的标本鉴定和物种标准的界定带来巨大的困难，但我们仍然希望能带给读者更多的真实感受，希望有后来者予以校正。

武陵山区地域广泛，虽然我们历经多年希望能走遍这里的山山水水，但是至今仍有很多地方尚属空白。2018 年 6 月，得知我的家乡湖南桑植新发现的中里大峡谷生境不错，我与美国犹他州立大学学者 Paul G. Wolf 一同前往。当到达这个令人惊讶的大规模石灰岩地峡之后，我对蕨类植物的认识再一次被刷新了：瘦弱的铁线蕨可以变得如此高大，稀有的川黔肠蕨竟然在石灰岩地缝中成片分布……我知道，在这片神秘的土地上，我们对这里的蕨类植物的认识还远远不够。

“采薜荔兮水中，搴芙蓉兮木末；心不同兮媒劳，恩不甚兮轻绝”，武陵山区蕨类植物书稿即将付梓之际，突然想起屈原《湘君》中的这句话。十余年来，我与各位老师、朋友、同事和学生们齐心协力坚持在武陵山区进行了大量的野外调查、标本采集和照片拍摄，方得今日较为完整的武陵山蕨类植物资料。该工作始于2008—2009年中国科学院植物研究所马克平研究员主持的科技部科技基础专项“标本数字化平台项目”支持，后期又得到了马克平研究员主持的中国科学院战略性先导专项（XDA19050404）“生物多样性与生物安全大数据专项”、科技部科技基础专项“武陵山区生物多样性综合科学考察”（2014FY110100）等项目的持续经费支持，上海辰山植物园（中国科学院上海辰山植物科学研究中心）资助了出版经费；该工作得到了武陵山区邻近省（直辖市）多个兄弟单位的老师和朋友的合作与支持，具体参与工作的有湖南省湘西土家族苗族自治州森林资源监测中心的周喜乐高级工程师，湖南科技大学生命科学院的刘炳荣副教授、周建良教授、梁芳高级实验师，吉首大学的张代贵高级工程师、陈功锡教授、李克刚教授，湖南省白云山国家自然保护区的宿秀江教授级高级工程师，湖南省八大公山自然保护区的谷志容高级工程师、向阳副局长，湖南省张家界环境应用植物研究所的张九兵先生，中南林业科技大学的喻勋林教授、吴磊博士，中南民族大学的刘虹教授，重庆三峡医药高等专科学校的易思荣研究员。采集的相关标本主要保存在湖南科技大学标本馆（HUST）和上海辰山植物园标本馆（CSH），相关标本的数字化照片及拍摄的野生植物照片已上传到中国数字植物标本馆（CVH）及中国自然标本馆（CFH）。在此，我对这些年来参加野外调查和标本鉴定的老师、学生和朋友致以衷心的感谢；对十余年来予以我们资助和帮助的单位及个人致以崇高的敬意。

如同沈从文在《边城》中所言：“正因为处处有奇迹，自然的大胆处与精巧处，无一处不使人神往倾心。”蕨类植物正是来自遥远的地质时代的孑遗，我衷心地希望读者能倾心在武陵山区蕨类植物中发现奇迹。从拙作开始，发现我们没有发现的奇迹。

严岳鸿

2020年12月

中国武陵山区蕨类植物

地理区域图

注：红线内为武陵山区范围，红色阴影区域为武陵山区核心区域。

武陵山区蕨类植物在PPGI系统树上各科的分布概况：灰色分支为武陵山区不产的科，不带中文科名的为中国不产的科，拉丁科名后面的数字分别为国内包含的属数和种数，中文科名后面的数字为武陵山区包含的属数和种数。武陵山区合计33科95属580种，分别占中国蕨类植物总数的84.6%、57.9%、25.6%（严岳鸿等，2016）。

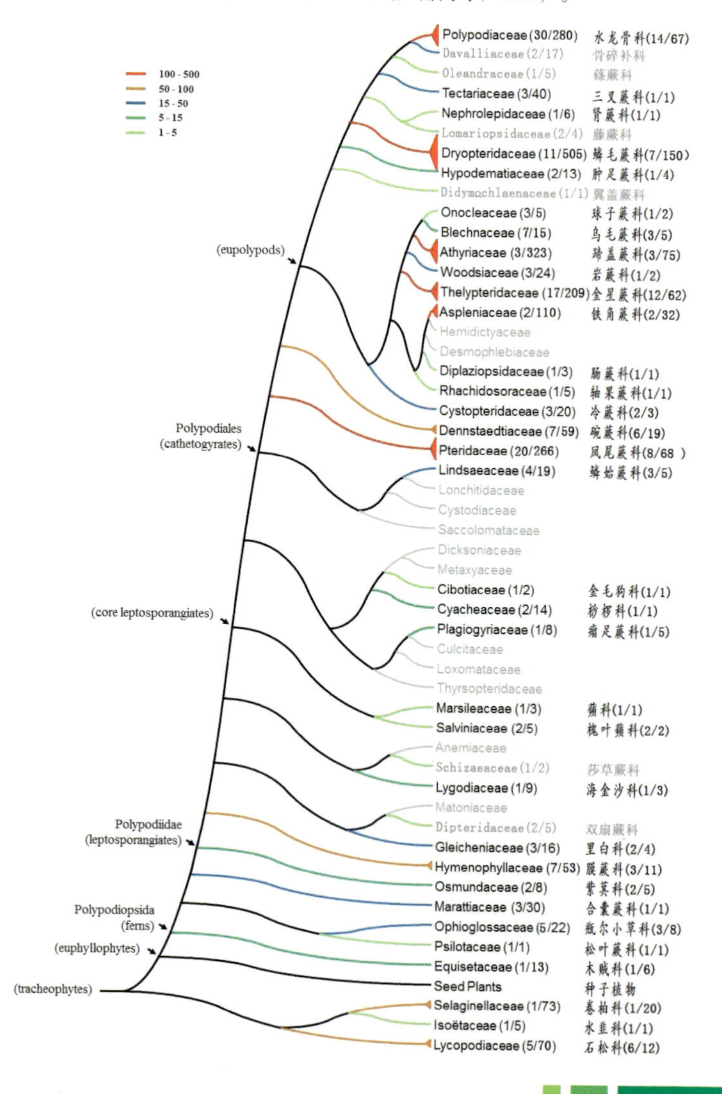

中国武陵山区蕨类植物
科属概览

（按物种数目由多至少排列，后面数字表示属种数目）

膜蕨科 Hymenophyllaceae（3/11）
假脉蕨属 *Crepidomanes* ························ (4)
瓶蕨属 *Vandenboschia* ························ (4)
膜蕨属 *Hymenophyllum* ························ (3)

瓶尔小草科 Ophioglossaceae（3/8）
阴地蕨属 *Botrychium* ························ (3)
瓶尔小草属 *Ophioglossum* ························ (3)
假阴地蕨属 *Botrypus* ························ (2)

木贼科 Equisetaceae（1/6）
木贼属 *Equisetum* ························ (6)

乌毛蕨科 Blechnaceae（3/5）
狗脊属 *Woodwardia* ························ (3)
乌毛蕨属 *Blechnum* ························ (1)
荚囊蕨属 *Struthiopteris* ························ (1)

鳞始蕨科 Lindsaeaceae（3/5）
香鳞始蕨属 *Osmolindsaea* ························ (2)
鳞始蕨属 *Lindsaea* ························ (2)
乌蕨属 *Odontosoria* ························ (1)

紫萁科 Osmundaceae（2/5）
紫萁属 *Osmunda* ························ (3)
桂皮紫萁属 *Osmundastrum* ························ (2)

瘤足蕨科 Plagiogyriaceae（1/5）
瘤足蕨属 *Plagiogyria* ························ (5)

里白科 Gleicheniaceae（2/4）
里白属 *Diplopterygium* ························ (3)
芒萁属 *Dicranopteris* ························ (1)

肿足蕨科 Hypodematiaceae（1/4）
肿足蕨属 *Hypodematium* ························ (4)

冷蕨科 Cystopteridaceae（2/3）
亮毛蕨属 *Acystopteris* ························ (2)
羽节蕨属 *Gymnocarpium* ························ (1)

海金沙科 Lygodiaceae（1/3）
海金沙属 *Lygodium* ························ (3)

槐叶蘋科 Salviniaceae（2/2）
槐叶蘋属 *Salvinia* ························ (1)
满江红属 *Azolla* ························ (1)

球子蕨科 Onocleaceae（1/2）
东方荚果蕨属 *Pentarhizidium* ························ (2)

岩蕨科 Woodsiaceae（1/2）
岩蕨属 *Woodsia* ························ (2)

金毛狗科 Cibotiaceae（1/1）
金毛狗属 *Cibotium* ························ (1)

桫椤科 Cyatheaceae（1/1）
桫椤属 *Alsophila* ························ (1)

肠蕨科 Diplaziopsidaceae（1/1）
肠蕨属 *Diplaziopsis* ························ (1)

水韭科 Isoëtaceae（1/1）
水韭属 *Isoëtes* ························ (1)

合囊蕨科 Marattiaceae（1/1）
观音座莲属 *Angiopteris* ························ (1)

蘋科 Marsileaceae（1/1）
蘋属 *Marsilea* ························ (1)

肾蕨科 Nephrolepidaceae（1/1）
肾蕨属 *Nephrolepis* ························ (1)

松叶蕨科 Psilotaceae（1/1）
松叶蕨属 *Psilotum* ························ (1)

轴果蕨科 Rhachidosoraceae（1/1）
轴果蕨属 *Rhachidosorus* ························ (1)

三叉蕨科 Tectariaceae（1/1）
叉蕨属 *Tectaria* ························ (1)

目录

石松科 Lycopodiaceae（6/12）

小型草本或藤本，陆生或附生。主茎直立、匍匐、悬垂或攀缘，多为原生中柱，二歧分枝。单叶，披针形、卵形或钻形，螺旋状着生在主茎上，具中肋，无侧脉。孢子囊穗顶生于小枝上部或顶端孢子叶叶腋，直立或下垂。孢子囊肾形，厚壁。孢子三角形，表面具凹穴或沟槽。

中国产 9 属 70 种（28 种为中国特有），分别是石杉属、马尾杉属、藤石松属、小石松属（*Lycopodiella*）、石松属、扁枝石松属、垂穗石松属、拟小石松属（*Pseudolycopodiella*）和石杉叶石松属（*Spinulum*）[模式种：多穗石松（*Spinulum annotinum*）]。武陵山区石松科植物种类相对比较贫乏。目前仅知分布的有 6 属 12 种，本书野外调查到 7 种。

石松亚科 Subfamily Lycopodioideae

石松属 *Lycopodium*

石松（*Lycopodium japonicum*）在当地很常见，而笔直石松（*L. obscrum*）则在贵州梵山、湖南桑植、石门等少数地区海拔 1400~1600m 处有记载，相对罕见。在石松属中，《武陵山维管植物检索表》（王文采，1995）中记载密叶石松（*L. simulans*）、中间石松（*L. interjectum*）、华中石松（*L. centro-chinense*）等 3 种，目前这 3 个名称均已在《Flora of China》（吴征镒 等，2013）被处理为石松的异名。石松属植物在不同的生境中常有较大的变异，目前没有分子生物学证据显示这些名称得到分子系统学的支持。

1. 茎横走……………………………………………………………… 石松 *L. japonicum*
1. 茎直立……………………………………………………………… 笔直石松 *L.verticale*

石松
***Lycopodium japonicum* Thunb.**

密叶石松 *Lycopodium simulans* Ching & H. S. Kung
华中石松 *Lycopodium centrochinense* Ching
中间石松 *Lycopodium interjectum* Ching et H. S. Kung

中国广布（北部和东北部除外）；日本、越南、老挝、缅甸、柬埔寨、不丹、尼泊尔、印度及南亚的其他国家。

石松

笔直石松
Lycopodium verticale Li Bing Zhang

山西、陕西、安徽、浙江、江西、湖南、湖北、四川、重庆、贵州、云南、西藏、台湾；日本。

笔直石松

扁枝石松属 *Diphasiastrum*

在 FOC 中已并入石松属，但在 PPGI系统中又独立出来了。武陵山区产扁枝石松（*Diphasiastrum complanatum*）1 种，在湖南桑植海拔 1450m 处有记载，该种形态特殊，在野外好识别，但遗憾的是作者多次前往桑植县调查，没有见到扁枝石松的活植物。

扁枝石松
Diphasiastrum complanatum (L.) Holub

黑龙江、吉林、辽宁、内蒙古、河南、新疆、安徽、江苏、浙江、江西、湖南、湖北、四川、重庆、贵州、云南、西藏、福建、台湾、广东、广西、海南；广布于温带和亚热带地区。

扁枝石松

藤石松属 *Lycopodiastrum*

仅藤石松（*Lycopodiastrum casuarinoides*）1 种，攀缘藤本，产湖南永顺万坪杉木河，为近年来在武陵山区发现的新分布种。

藤石松
***Lycopodiastrum casuarinoides* (Spring) Holub ex R. D. Dixit**

浙江、江西、湖南、湖北、四川、重庆、贵州、云南、西藏、福建、台湾、广东、广西、海南、香港；日本、不丹、尼泊尔、印度，东南亚一直分布到巴布亚新几内亚。

藤石松

小石松亚科 Subfamily Lycopodielloideae

垂穗石松属 *Palhinhaea*

在 FOC 中已并入石松属，但在 PPGI系统中又独立出来了。武陵山区产垂穗石松（*Palhinhaea cernua*）1 种，该种主要分布在热带和亚热带地区。

垂穗石松（灯笼石松）
***Palhinhaea cernua* (L.) Vasc. et Franco**

浙江、江西、湖南、湖北、四川、重庆、贵州、云南、西藏、福建、台湾、广东、广西、海南、香港、澳门；亚洲热带和亚热带地区、美洲、太平洋岛屿。

垂穗石松（灯笼石松）

石杉亚科 Subfamily Huperzioideae

石杉属 *Huperzia*

在武陵山区有蛇足石杉（*Huperzia serrata*）、四川石杉（*H. sutchueniana*）、皱边石杉（*H. crispata*）、峨眉石杉（*H. emeiensis*）、湖北石杉（*H. hupehensis*）（现并入南川石杉 *H. nanchuanensis*）、黄山石杉（*H. whangshanensis*）（现并入金发石杉 *H. quasipolytrichoides*）6 个物种的记载（王文采，1995）。

蛇足石杉是石杉属植物中的明星物种，由于最初从该物种发现了具有治疗老年性痴呆症的石杉碱甲，致使该物种资源遭受大规模的采挖。然而，该物种的分类并不十分清楚。近年来，蛇足石杉被认为在中国长江流域没有分布，长江流域的物种已处理为模式标本采自印度尼西亚的 *H. javanica*（Shrestha & Zhang, 2015; 严岳鸿 等，2016），但作者在东南亚地区的野外见到的 *H. javanica* 形态与中国南部地区产的标本形态有较大区别。该复合群可能需要进一步的深入研究，中国南方产的标本可能使用 *H. longipetiolata* 更为妥当。

皱边石杉是石杉属中一个形态特异的物种，现文献记录分布在江西、湖南、湖北、四川、重庆、广东、广西、贵州、云南等地。由于该种的叶片边缘极度皱褶，特征明显，容易辨别。但在过去的文献报道中，该种的鉴定容易与蛇足石杉相混淆。广东、江西、广西等地实际上并没有确切的标本凭证，可能是错误鉴定，该种主要分布在中国西南到武陵山区北部一带。

四川石杉是石杉属中叶片极为狭线形的一个物种，与上述两种区别明显。然而，石杉属不同物种之间存在广泛的形态过渡，可能在不同物种之间存在有自然杂交或基因渐渗现象，因此要准确辨别该属不同物种并不容易。在湖南桑植八大公山自然保护区天平山保护站附近，即有一个石杉属植物的居群，形态差异显著，在叶片狭线形的四川石杉与叶片椭圆状披针形的长柄石杉之间存在一系列的中间状态。

该地区曾记录的峨眉石杉、湖北石杉（南川石杉）、黄山石杉（金发石杉）也是一类叶形极狭小的植物，但不同于前几种的是其叶全缘，没有锯齿，我们在野外调查时均未发现；NSII 标本馆保存有 1958 年 11 月李洪钧采自于湖北鹤峰的两份标本 8670（HIB，photo！）。

1. 叶缘全缘。
  2. 叶基部明显最宽 ················ 南川石杉 *H. nanchuanensis*
  2. 叶基部小于最宽部或多少等宽。
    3. 叶纸质，各种角度开展 ················ 峨眉石杉 *H. emeiensis*
    3. 叶薄革质，反折 ················ 金发石杉 *H. quasipolytrichoides*
1. 叶缘具锯齿或具细齿。
  4. 叶卵形至椭圆状披针形，边缘具锯齿。
    5. 叶缘不为皱波状；除北部和西北部以外的地区 ················ 长柄石杉 *H. javanica*
    5. 叶缘皱波状；鄂湘赣渝黔川滇 ················ 皱边石杉 *H. crispata*
  4. 叶狭线形，边缘具细齿 ················ 四川石杉 *H. sutchueniana*

南川石杉

***Huperzia nanchuanensis* (Ching & H. S. Kung) Ching & H. S. Kung**（野外未见）

湖北石杉 *Huperzia hupehensis* Ching

湖南、湖北、重庆、贵州、云南。

南川石杉

峨眉石杉

***Huperzia emeiensis* (Ching et H. S. Kung) Ching et H. S. Kung**（野外未见）

湖南、湖北、四川、重庆、贵州、云南。

峨眉石杉　　金发石杉

金发石杉

***Huperzia quasipolytrichoides* (Hayata) Ching**（野外未见）

黄山石杉 *Huperzia whangshanensis* Ching & P. S. Chiu

安徽、江西、湖南、台湾；日本。

长柄石杉
Huperzia javanica (Sw.) C. Y. Yang

Huperzia longipetiolata (Spring) Chun-yu Yang

蛇足石杉 *Huperzia serrata* auct. non (Thunb.) Trevis.

中国广布（除东北、华北、西北）；不丹、柬埔寨、印度、印度尼西亚、日本、韩国、老挝、马来西亚、缅甸、尼泊尔、菲律宾、斯里兰卡、泰国、越南、澳大利亚；美洲、太平洋岛屿。

皱边石杉
Huperzia crispata (Ching) Ching

江西、湖南、湖北、四川、重庆、贵州、云南、广东、广西。

长柄石杉　　皱边石杉

四川石杉
Huperzia sutchueniana (Herter) Ching

安徽、浙江、江西、湖南、湖北、四川、重庆、贵州、广东。

四川石杉

马尾杉属 *Phlegmariurus*

该属在武陵山区确切记载的只有美丽马尾杉（*Phlegmariurus pulcherrimus*）一种，分布于湖南桑植天平山海拔 1500m 处（王文采，1995），美丽马尾杉被认为是中国西南至喜玛拉雅地区特有植物，中国中东部产的美丽马尾杉现被处理为有柄马尾杉（*P. petiolatus*）（张丽兵 等，1999）。作者多次前往该地没有采集到马尾杉属植物，也未检索到该种在武陵山区分布的标本记录；但作者在中国数字标本馆 CVH 查询到一份来自湖南桑植天平山的柳杉叶马尾杉（*P. cryptomerianus*）（张灿明，8808205，1988 年，PE，Photo！），附生于天平山 1520m 处的铁杉树上。作者推测美丽马尾杉的记录可能是基于这份柳杉叶马尾杉植物标本的错误鉴定。

柳杉叶马尾杉

***Phlegmariurus cryptomerianus* (Maxim.) Ching ex H. S. Kung et Li Bing Zhang**（野外未见）

美丽马尾杉 *Phlegmariurus pulcherrimus* auct. non (Wall. ex Hook. et Grev.) Á. Löve et D. Löve

湖南、云南、西藏、广西；不丹、尼泊尔、印度。

柳杉叶马尾杉

水韭科 Isoëtaceae（1/1）

小型或中型水生或沼地生植物。主茎粗短，块状或伸长而分枝，具原生中柱，下部生根，有根托。叶螺旋状排呈丛生状，一型，狭长线形或钻形，基部扩大，腹面有叶舌；内部有分隔的气室及叶脉1条；叶内有1条维管束和4条纵向具横隔的通气道。孢子囊单生在叶基部腹面的穴内，椭圆形，外有盖膜覆盖，二型，大孢子囊生在外部的叶基，小孢子囊生在内部的叶基。孢子二型，大孢子球状四面形，小孢子肾状二面形。

仅1属约250种，世界广布；中国产5种（全部为特有）。水韭科在传统分类学上属于拟蕨类，即小型叶蕨类，但它不同于石松类其他植物成员如石松、卷柏、木贼，在系统演化上较为孤立。

武陵山区南部地区的会同县广坪镇、通道万佛山产中华水韭（*Isoëtes sinensis*），数量稀少，为国家一级重点保护野生植物；推测武陵山区南部其他地区可能水韭属 *Isoëtes* 也有分布。

水韭属 *Isoëtes*

中华水韭
Isoëtes sinensis Palmer

安徽、江苏、浙江、江西、湖南、广西。

中华水韭

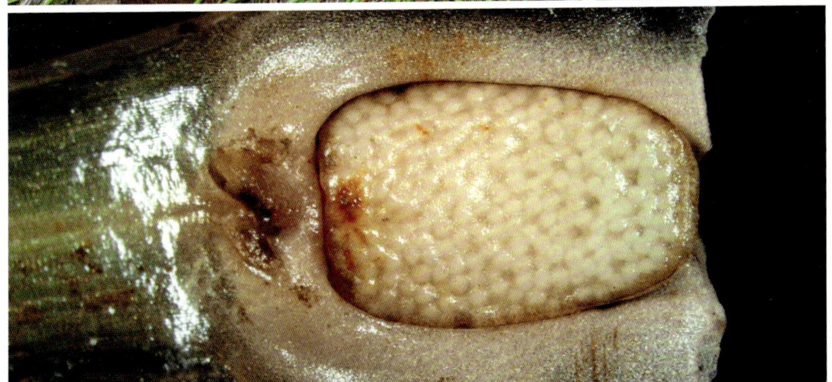

卷柏科 Selaginellaceae（1/20）

土生、石生，极少附生，常绿或夏绿，通常为多年生草本植物。主茎具原生中柱或管状中柱，单一或二叉分枝；根托生分枝的腋部，从背轴面或近轴面生出，沿茎和枝遍体通生，或只生茎下部或基部。主茎直立、长匍匐，或短匍匐，然后直立，多次分枝，或具明显不分枝的主茎，上部呈叶状的复合分枝系统，有时攀缘生长。单叶，具叶舌，孢子叶与营养叶同型或异型；营养叶螺旋排列或排成 4 行，主茎上的叶通常排列稀疏，一型或二型，在分枝上通常成 4 行排列；孢子叶螺旋状排列在小枝的顶端。孢子囊穗位于小枝的顶端，四棱形或背腹压扁形。孢子囊近轴面生于叶腋内叶舌的上方，二型，在孢子叶穗上各式排布；每个大孢子囊内有 4 个大孢子，偶有 1 个或多个；每个小孢子囊内小孢子多数，100 个以上。孢子表面纹饰多样，大孢子直径 200~600 μ m，小孢子直径 20~60 μ m。

卷柏科全世界约 700~800 种，中国有 73 种，其科下分属或属下分组一直存在较大的争议，据最新的系统学研究，全世界卷柏属可分为 6 个亚属：*S.* subg. *Selaginella*、*S.* subg. *Boreoselaginella*、*S.* subg. *Pulviniella*、*S.* subg. *Ericetorum*、*S.* subg. *Heterostachys* 和 *S.* subg. *Stachygynandrum*（Zhou et al.，2015）。从形态上区分，根托生长在背侧的和腹侧的分别为不同的单系分支，大部分中国产卷柏属植物根托生长在腹侧，仅有疏叶卷柏（*S. remotifolia*）等少数种类的根托生长在背侧。卷柏属植物的种类识别极为困难，目前国内尚未有清楚的系统学研究。本书收录武陵山区卷柏属植物 20 种，其中野外调查发现 17 种。

江南卷柏（*S. mollendorffii*）和兖州卷柏（*S. involvens*）是武陵山区两个常见的物种，在分子系统学中也是两个亲缘关系相近的姊妹种（Zhou XM et al.，2015），在武陵山区较为常见，也容易混淆。前者主茎上叶片稀疏，常生长在海拔较低的林下或石缝中；后者主茎上叶片密集，常生长在海拔较高的密林下或石上。布朗卷柏（*S. braunii*）的形态也近似江南卷柏，但常生长在干旱的石灰岩或丹霞土上，主茎上的叶片盾状着生，带叶小枝背面密被柔毛。

翠云草（*S. uncinata*）和疏叶卷柏（*S. remotifolia*）是该地区常见的主茎匍匐生长的较大型卷柏属植物，前者孢子囊穗四棱形，叶表面常见蓝色荧光；后者孢子囊穗背腹压扁状，叶面颜色翠绿，不见有蓝色荧光。同时，作者在武陵山区考察时注意到，该地区的疏叶卷柏与中国其他地区的疏叶卷柏形态有些变化，主茎或匍匐茎上的侧叶明显密集，需要进一步的研究。

薄叶卷柏（*S. delicatula*）、毛枝卷柏（*S. trichoclada*）、细叶卷柏（*S. labolei*）和大叶卷柏（*S. bodinieri*）也是该地区几种形态相似易混淆的物种。薄叶卷柏主茎半透明状，草质或肉质，主茎上叶片稀疏，形体较大，孢子囊穗四棱形，生长在低海拔阴湿水边；大叶卷柏主茎质地脆硬，木质化程度高，主茎上侧叶密集，常生长在阴湿的石灰岩地区；细叶卷柏主茎细弱，侧叶稀疏，边缘有细锯齿，常生长在海拔较高的林下路边。毛枝卷柏的主茎也常肉质化，但主茎自中下部明显呈“之”字形分枝，带叶小枝背腹压扁，两面被毛。

垫状卷柏（*S. pulvinata*）和卷柏（*S. tamariscina*）是一对极为相似的具有直立主茎的卷柏属植物。在显微镜下，垫状卷柏的小叶边缘较为平整或稍呈撕裂状，而卷柏的边缘有细密锯齿。然而，尽管形态区别很小，垫状卷柏在武陵山区干旱的丹霞地貌上或石灰岩地区俨然成为一个优势物种，十分常见；而卷柏仅分布在石灰岩潮湿处或花岗岩滴水石壁下。丹霞地貌石壁常年干旱且置于阳光暴晒之下，垫状卷柏生存在这种极度苛刻的环境下，大部分时间都以枯萎状态生存，只等雨季来临才得以片刻复苏。

异穗卷柏（*S. heterostachys*）是极为复杂的一个复合群，不同的生长时期形态变化大，幼时呈匍匐状，长大后呈直立状。目前的分子系统学证据也显示该复合群可能存在比较复杂的亲缘关系（Zhou XM et al.，2015）。

武陵山区还分布有众多形体微小、贴伏在地面生长、不易察觉的卷柏属植物，如膜叶卷柏（*S. leptophylla*）、鞘舌卷柏（*S. vaginata*）、伏地卷柏（*S. nipponica*）、蔓生卷柏（*S. davadii*）和澜沧卷柏（*S. gebaueriana*）等。膜叶卷柏主茎近直立，主茎分枝少，侧叶排列整齐，薄膜质，生长在阴湿泥土或石上；鞘舌卷柏主茎匍匐，分枝密集，常生长在海拔较高的石缝中；伏地卷柏营养枝匍匐生长，生殖枝直立且仅春夏季易见，常生长于路边开阔的生境。澜沧卷柏形体稍大，现已并入蔓生卷柏，常生长在干旱石壁，特别是石灰岩石壁。

深绿卷柏是武陵山区较为常见容易分别的物种，常生长在林下阴湿处。此外，《武陵山维管植物检索表》一书还记载有毛边卷柏（*S. chaetoloma*）、地卷柏（*S. prostrata*）、镰叶卷柏（*S. drepanophylla*）、短穗卷柏（*S. brevicapa*）等种和未发表的具节卷柏（*S. nodulifera* Ching ined.）、微红卷柏（*S. rubinerva* Ching ined.）两个裸名，我们在过去的考察中没有发现。该书记载的峨眉卷柏（*S. omeiensis*）（现并入大叶卷柏）、四川卷柏（*S. sichuanica*）（现并入细叶卷柏）和缘毛卷柏（*S. compta*）（现并入鞘舌卷柏）现已分别处理为其他卷柏属植物的异名。鉴于短穗卷柏、具节卷柏和微红卷柏查不到更多文献描述信息，本书未予收录。

卷柏属 *Selaginella*

1. 孢子叶穗疏松，与不育茎无明显的区别 ……………………… 伏地卷柏 *S. nipponica*
1. 孢子叶穗紧密，明显的区别于不育茎；孢子叶呈 4 列，一型或二型（背面孢子叶大于腹面的）。
 2. 孢子叶穗四棱柱形，孢子叶近一型。
  3. 茎形成莲座状，干后向内卷曲。
   4. 中叶和侧叶缘具细齿 …………………………………………… 卷柏 *S. tamariscina*
   4. 中叶缘反折；腹面叶的上缘棕色，膜质，撕裂状 ………… 垫状卷柏 *S. pulvinata*
  3. 茎不形成莲座状，干后不向内卷曲。
   5. 主茎横走或基部横卧至攀缘；根托生于茎的各部。
    6. 叶全缘………………………………………………………………… 翠云草 *S. uncinata*
    6. 叶缘具细齿或具纤毛。
     7. 茎无关节；根托生于腹面分枝的腋间 ……………………… 蔓生卷柏 *S. davidii*
     7. 茎在分枝下方略具关节；根托生于背面分枝的腋间 …… 疏叶卷柏 *S. remotifolia*
   5. 主茎直立，近直立，或斜升（基部短横卧）；根托通常生于主茎的基部至中部。
    8. 根托生于主茎的基部和中部，或有时也生于上部；主茎上的叶二型。
     9. 株直立；侧生分枝整齐的羽状分枝 ……………………… 薄叶卷柏 *S. delicatula*
     9. 株直立，近直立，或斜升（具横卧根茎）；侧生分枝多回羽状分枝 ……………………………………………………………… 深绿卷柏 *S. doederleinii*
    8. 根托仅生于主茎基部或下部，或横卧的根茎上；主茎上的叶一型。
     10. 茎和分枝被柔毛。
      11. 株 45~100cm 高或更高；腋叶基底具双耳，侧叶基底上侧有耳状凸起 ……………………………………………………………… 毛枝卷柏 *S. trichoclada*

11. 株 10~45cm 高；腋叶基底不具耳凸 ························ 布朗卷柏 *S. braunii*
10. 茎和分枝光滑无毛。
12. 主茎上的叶密接（紧靠）································ 兖州卷柏 *S. involvens*
12. 主茎上的叶远离 ·································· 江南卷柏 *S. moellendorffii*
2. 孢子叶穗腹背扁平，背面和腹面的孢子叶呈二型。
13. 孢子叶穗非倒置，即背面孢子叶小于腹面的 ···················· 地卷柏 *S. prostrata*
13. 孢子叶穗倒置，即背面孢子叶大于腹面的。
14. 主茎直立或近直立；根托仅生于基底或主茎下部。
15. 株高大于 30cm ··· 大叶卷柏 *S. bodinieri*
15. 株高通常小于 30cm。
16. 孢子叶强度二型，腹面的孢子叶长为背面的 1/2 以下 ············ 膜叶卷柏 *S. leptophylla*
16. 孢子叶不为强度二型，腹面的孢子叶长约为背面的 2/3 ··· 细叶卷柏 *S. labordei*
14. 主茎横卧或至少下部横卧，分枝横走或能育分枝近直立；根托断续着生。
17. 侧叶基部上侧不具长纤毛，叶缘具细齿的或具短纤毛。
18. 中叶基部心形，边缘具短纤毛 ····························· 细叶卷柏 *S. labordei*
18. 中叶基部非心形，边缘具微小细齿 ··················· 异穗卷柏 *S. heterostachys*
17. 侧叶基部上侧具长纤毛。
19. 能育分枝直立；干旱时侧叶内卷 ························· 鞘舌卷柏 *S. vaginata*
19. 能育分枝横走；干旱时侧叶不内卷。
20. 侧叶长圆状镰状；中叶卵状披针状 ·········· 镰叶卷柏 *S. drepanophylla*
20. 侧叶非长圆状镰状；中叶卵形或近圆形 ·········· 毛边卷柏 *S. chaetoloma*

伏地卷柏
Selaginella nipponica Franch. et Sav.

山西、山东、河南、陕西、甘肃、青海、安徽、江苏、上海、浙江、江西、湖南、湖北、四川、重庆、贵州、云南、西藏、福建、台湾、广东、广西、香港；日本。

伏地卷柏

卷柏
Selaginella tamariscina **(P. Beauv.) Spring**

吉林、辽宁、内蒙古、河北、北京、山西、山东、河南、陕西、青海、安徽、江苏、浙江、江西、湖南、湖北、四川、重庆、贵州、云南、福建、台湾、广东、广西、海南、香港；日本、韩国、菲律宾、泰国、印度、俄罗斯。

卷柏

垫状卷柏
Selaginella pulvinata **(Hook. et Grev.) Maxim.**

辽宁、河北、北京、山西、河南、陕西、甘肃、江西、湖南、湖北、四川、重庆、贵州、云南、西藏、福建、台湾、广西；蒙古、韩国、越南、泰国、尼泊尔、印度、俄罗斯。

垫状卷柏

翠云草
Selaginella uncinata **(Desv. ex Poir.) Spring**

陕西、安徽、浙江、江西、湖南、湖北、四川、重庆、贵州、云南、福建、台湾、广东、广西、香港。

翠云草

蔓生卷柏
Selaginella davidii Franch.

澜沧卷柏 *Selaginella gebaueriana* Hand.-Mazz.

河北、天津、北京、山西、山东、河南、陕西、宁夏、甘肃、安徽、江苏、浙江、江西、湖南、湖北、四川、重庆、贵州、云南、西藏、福建、广东、广西。

蔓生卷柏

疏叶卷柏
Selaginella remotifolia Spring

江苏、浙江、江西、湖南、湖北、四川、重庆、贵州、云南、福建、台湾、广东、广西、香港；日本、菲律宾、印度尼西亚、尼泊尔、印度。

疏叶卷柏

薄叶卷柏
Selaginella delicatula (Desv. ex Poir.) Alston

安徽、浙江、江西、湖南、湖北、四川、重庆、贵州、云南、福建、台湾、广东、广西、海南、香港、澳门；菲律宾、越南、老挝、缅甸、泰国、柬埔寨、马来西亚、印度尼西亚、不丹、尼泊尔、印度、斯里兰卡。

薄叶卷柏

深绿卷柏
Selaginella doederleinii Hieron.

安徽、浙江、江西、湖南、湖北、四川、重庆、贵州、云南、福建、台湾、广东、广西、海南、香港、澳门；日本、越南、泰国、马来西亚、印度。

深绿卷柏

毛枝卷柏
Selaginella trichoclada Alston

安徽、浙江、江西、湖南、福建、广东、广西。

毛枝卷柏

布朗卷柏
Selaginella braunii Baker

安徽、浙江、江西、湖南、湖北、四川、重庆、贵州、云南、海南；马来西亚。

布朗卷柏

兖州卷柏
Selaginella involvens (Sw.) Spring

河南、陕西、甘肃、安徽、浙江、江西、湖南、湖北、四川、重庆、贵州、云南、西藏、福建、台湾、广东、广西、海南、香港；日本、韩国、菲律宾、越南、老挝、缅甸、泰国、马来西亚、不丹、尼泊尔、印度、斯里兰卡。

兖州卷柏

江南卷柏
Selaginella moellendorffii Hieron.

河南、陕西、甘肃、安徽、江苏、浙江、江西、湖南、湖北、四川、重庆、贵州、云南、福建、台湾、广东、广西、海南、香港；日本、菲律宾、越南、柬埔寨。

江南卷柏

地卷柏
Selaginella prostrata (H. S. Kung) Li Bing Zhang（野外未见）

陕西、湖南、四川、贵州、云南。

大叶卷柏
Selaginella bodinieri Hieron.

峨眉卷柏 *Selaginella omeiensis* Ching

湖南、湖北、四川、重庆、贵州、云南、广西。

大叶卷柏

膜叶卷柏
Selaginella leptophylla Baker

四川、贵州、云南、台湾、广西、香港；日本、越南、缅甸、泰国、印度。

膜叶卷柏

细叶卷柏
Selaginella labordei Hieron. ex Christ

四川卷柏 *Selaginellasichuanica* H. S. Kung

河南、陕西、甘肃、青海、安徽、浙江、江西、湖南、湖北、四川、重庆、贵州、云南、西藏、福建、台湾、广西、香港；缅甸。

细叶卷柏

异穗卷柏
***Selaginella heterostachys* Baker**

河南、甘肃、安徽、浙江、江西、湖南、四川、重庆、贵州、云南、福建、台湾、广东、广西、海南、香港、澳门。

异穗卷柏

鞘舌卷柏
***Selaginella vaginata* Spring**

缘毛卷柏 *Selaginella compta* Hand.-Mazz.

北京、河南、陕西、甘肃、湖南、湖北、四川、重庆、贵州、云南、西藏、广西；越南、缅甸、泰国、不丹、尼泊尔、印度、巴基斯坦。

鞘舌卷柏

镰叶卷柏
***Selaginella drepanophylla* Alston**（野外未见）

贵州、云南、广西。

毛边卷柏
***Selaginella chaetoloma* Alston**（野外未见）

贵州、广西。

木贼科 Equisetaceae（1/6）

小型或中型草本植物，土生，湿生或浅水生。根状茎长而横行，黑色，分枝，有节，节上生根，被茸毛；气生茎多年生或一年生，直立，一型或二型，分枝，有节，中空，内有纵行管道，表皮有硅质小瘤，节间有纵行的棱和沟。营养叶薄膜质，鳞片状，在节上轮生；孢子叶轮生，盾形，覆瓦状。孢子囊穗顶生于主茎或枝条顶端，圆柱形或椭圆形；每个孢子叶下面生有5~10个孢子囊。孢子囊囊状，着生于孢子叶的远轴面。孢子绿色，近球形，有4条弹丝，无裂缝，具薄而透明周壁，有细颗粒状纹饰。

在最新的PPGI系统中，木贼科植物被认为是蕨类植物（真蕨类）的最基部类群，与种子植物具有亲缘关系，仅1属约15种，世界广布；中国产13种。过去认为木贼科分为两属，即*Equisetum*和*Hippochaete*，属于拟蕨类成员。本书收录6种，野外调查到3种。

节节草（*E. ramosissimum*）是该地区广泛分布的一个物种。其原亚种节节草（subsp. *ramosissimum*）与亚种笔管草（subsp. *debile*）形态相近，不易区别。植株高20~60cm，主枝直径1~3mm；幼枝的轮生分枝明显，簇生于地下茎或轮生于地上主枝；鞘齿多为灰白色，宿存，常生长较为干旱的田边或路边。笔管草植株通常高60cm以上，主枝直径3~7mm；幼枝的轮生分枝不明显；鞘齿黑棕色或淡棕色，早落或宿存，常生长在溪边石缝或草丛中。

披散木贼（*E. diffusum*）和犬问荆（*E. palustre*）是该属另一对较难区别的物种，相对于节节草来说，主茎上的分支明显较多，侧枝密而轮生。披散木贼的主茎和分枝的节间具有方形的枝脊，两侧有隆起的棱角直达叶鞘；而犬问荆的主茎和分枝节间有圆形的枝脊，两侧不具隆起的棱角。

该地区还记录有问荆（*E. arvense*），该种植株二型，能育株无叶绿素，紫褐色，不分枝，春季比不育株先出地面，枯死后方有不育株生长出地面。分布在湖北鹤峰海拔1500m高山。

卷柏属 *Selaginella*

1\. 地上茎宿存大于1年；主茎不分枝或有轮生分枝；气孔下陷，呈单行；孢子叶球完全突尖头；鞘齿膜质，脱落，浅棕色或灰色。

  2\. 成熟主茎轮生分枝；鞘筒先端灰白色或略红棕色 ·········· 节节草 *E. ramosissimum*

    3\. 幼主茎明显分枝，分枝集群生于地下茎上或在气生茎上轮生分枝；鞘齿宿存，灰白色，有时棕色，基部弧形，具明显的气孔带 ································ 节节草（原亚种）subsp. *ramosissimum*

    3\. 幼主茎不明显地分枝；鞘齿早落或宿存，黑棕色或浅棕色，基部平坦和侧面具脊，具明显的或不明显的气孔带 ································ 笔管草 subsp. *debile*

  2\. 成熟主茎不分枝或罕分枝但不呈轮生状；鞘筒先端黑棕色 ·········木贼 *E. hyemale*

1\. 气生茎宿存1年或更短；主茎通常有规则的轮生分枝；气孔位于气生茎的表面，呈几行；孢子叶球钝圆头；鞘齿革质，宿存，黑棕色或红棕色。

  4\. 地上茎一型，能育茎与不育茎形态学上相同或幼小的能育茎与不育分枝略不同；主茎具轮生分枝。

    5\. 主茎和侧生分枝的脊两侧具隆起的边缘；上部的主茎和侧生分枝具1行小瘤伸达鞘齿先端和1深纵沟贯穿整个鞘背 ·························· 披散木贼 *E. diffusum*

5. 主茎和侧生分枝的脊两侧圆形，无隆边也无小瘤，但仅具横刻纹；纵沟浅，贯穿整个鞘背……………………………………………………………………犬问荆 *E. palustre*

4. 地上茎二型，能育茎无或具少数短而精细的轮生分枝，明显不同于不育分枝；不育枝的轮生分枝上指，与主茎夹角 30° 或更小；分枝约为主茎粗的一半；主枝中部以下有或无分枝……………………………………………………………问荆 *E. arvense*

节节草
***Equisetum ramosissimum* Desf.**

黑龙江、吉林、辽宁、内蒙古、河北、天津、北京、山西、山东、河南、陕西、宁夏、甘肃、青海、新疆、安徽、江苏、上海、浙江、江西、湖南、湖北、四川、重庆、贵州、云南、西藏、福建、台湾、广东、广西、海南；蒙古、日本、韩国、菲律宾、越南、老挝、缅甸、泰国、马来西亚、新加坡、印度尼西亚、不丹、尼泊尔、印度、孟加拉国、巴基斯坦、斯里兰卡、阿富汗、新几内亚、俄罗斯；亚洲中西部、欧洲、非洲、南太平洋岛屿，引进到北美洲。

节节草（原亚种）
Equisetum ramosissimum* subsp. *ramosissimum

黑龙江、吉林、辽宁、内蒙古、河北、天津、北京、山西、山东、河南、陕西、宁夏、甘肃、青海、新疆、安徽、江苏、上海、浙江、江西、湖南、湖北、四川、重庆、贵州、云南、西藏、福建、台湾、广东、广西、海南；蒙古、日本、韩国、不丹、印度北部、巴基斯坦、阿富汗、俄罗斯；亚洲中部和西南部、欧洲、非洲、引进到北美洲（美国东南部）。

节节草

笔管草
Equisetum ramosissimum subsp. *debile* (Roxb. ex Vaucher) Hauke

山东、河南、陕西、甘肃、安徽、江苏、上海、浙江、江西、湖南、湖北、四川、重庆、贵州、云南、西藏、福建、台湾、广东、广西、海南、香港、澳门；日本、菲律宾、越南、老挝、缅甸、泰国、马来西亚、新加坡、印度尼西亚、尼泊尔、印度、孟加拉国、新几内亚；南太平洋岛屿。

笔管草

木贼
Equisetum hyemale L.

黑龙江、吉林、辽宁、内蒙古、河北、天津、北京、河南、陕西、甘肃、新疆、湖北、四川、重庆；蒙古、日本、韩国、俄罗斯；亚洲中西部、欧洲、美洲。

木贼

披散木贼
Equisetum diffusum **D. Don**

甘肃、江苏、上海、湖南、湖北、四川、重庆、贵州、云南、西藏、广西；日本、越南、缅甸、不丹、尼泊尔、印度、巴基斯坦。

披散木贼

犬问荆

犬问荆
Equisetum palustre **L.**（野外未见）

黑龙江、吉林、辽宁、内蒙古、河北、北京、山西、河南、陕西、宁夏、甘肃、青海、新疆、江西、湖南、湖北、四川、重庆、贵州、云南、西藏；蒙古、日本、韩国、巴基斯坦、俄罗斯；亚洲、欧洲、北美洲。

问荆
Equisetum arvense **L.**

黑龙江、吉林、辽宁、内蒙古、河北、天津、北京、山西、山东、河南、陕西、宁夏、甘肃、青海、新疆、安徽、江苏、上海、浙江、江西、湖南、湖北、四川、重庆、贵州、云南、西藏、福建；蒙古、日本、韩国、不丹、尼泊尔、印度、俄罗斯；亚洲、欧洲、北美洲。

问荆

松叶蕨科 Psilotaceae（1/1）

小型附生或石生植物。根茎粗，横行，褐色，具原生中柱或管状中柱，具假根。地上茎直立或下垂，绿色，多回二叉分枝；枝有棱或为压扁状。叶为小型叶或退化，仅具中脉或无脉，螺旋状着生或二列，二型。孢子囊单生在孢子叶腋，球形，2瓣纵裂，2~3个融合为聚囊（形如2~3室的孢子囊）。厚壁，无环带。孢子一型，肾形，具单裂缝。

共2属约17种，产热带至温带地区。中国产1种——松叶蕨（*Psilotum nudum*）。武陵山地区产1种。

松叶蕨是蕨类植物中形态最为奇特的物种。过去曾因为该种无根、无叶等特征认为和地质时代的裸蕨类具有亲缘关系；现分子生物学证据显示，该种与瓶尔小草科具有亲缘关系，其无根无叶的特征可能是与瓶尔小草类植物共同的祖先类群在附生环境中退化形成。松叶蕨是近年来在武陵山区新发现的类群，产湖南石门壶瓶山自然保护区。

松叶蕨属 *Psilotum*

松叶蕨
Psilotum nudum (L.) P. Beauv.

陕西、安徽、江苏、浙江、江西、湖南、湖北、四川、重庆、贵州、云南、西藏、福建、台湾、广东、广西、海南、香港、澳门；广布于旧世界和新世界的热带及亚热带地区，向北延伸至韩国和日本。

松叶蕨（照片拍自海南和浙江）

瓶尔小草科 Ophioglossaceae（3/8）

多年生陆生植物，极少附生；肉质，缺少厚壁组织。根状茎直立，少横走，真中柱，光滑或被毛；叶柄基部膨大，幼芽周围有开放或抱茎的鞘；根肉质，缺少根毛，不分枝或具侧根（少二叉分枝）。每株植物 1 至少数叶片，一型，幼叶卷叠，低垂（不拳卷），直立或折叠，光滑或被长毛，叶柄分为不育的营养叶或可育的生殖叶；营养叶单一、三出、掌状或羽状分枝；叶脉单一、掌状、羽状或网结（无内藏小脉）。孢子囊穗状或羽状分枝，每叶 1 至多个分枝。孢子囊外露或内含，2 层细胞壁厚，无环带。孢子数量多（每个孢子囊多于 1000 个），球状四面体，三沟，厚壁。

全世界产 10 属约 112 种。中国产七指蕨属（*Helminthostachys*）、瓶尔小草属（*Ophioglossum*）、带状瓶尔小草属（*Ophioderma*）、阴地蕨属（*Botrychium*）和假阴地蕨属（*Botrypus*），共 5 属 22 种。武陵山区产 3 属 8 种，作者野外调查发现 7 种。

瓶尔小草亚科 Subfamily Ophioglossoideae

瓶尔小草属 *Ophioglossum*

在该地区记录 3 种，瓶尔小草（*Ophioglossum vugatum*）、狭叶瓶尔小草（*O. thermale*）和心叶瓶尔小草（*O. reticulatum*）。瓶儿小草在该地分布较广，但在草丛中不易察觉；心叶瓶尔小草产自湖南石门，相对于国内其他地区的标本，营养叶片明显较大。

1. 不育叶片基部心形；边缘多少呈波状；网眼结的叶脉明显 ··心叶瓶尔小草 *O. reticulatum*
1. 不育叶片基部非心形；边缘全缘。
  2. 不育叶片狭，披针形或倒披针形，基部狭楔形···········狭叶瓶尔小草 *O. thermale*
  2. 不育叶片宽，椭圆形或狭卵形，基部急剧变狭并稍下延······· 瓶尔小草 *O. vulgatum*

心叶瓶尔小草
***Ophioglossum reticulatum* L.**

一支箭 *Ophioglossum pedunculosum* Dunn et Tutcher

河南、陕西、甘肃、江西、湖南、湖北、四川、重庆、贵州、云南、西藏、福建、台湾、广西；韩国、马达加斯加；非洲、南美洲。

心叶瓶尔小草

狭叶瓶尔小草
Ophioglossum thermale Kom.

黑龙江、吉林、辽宁、内蒙古、河北、山东、河南、陕西、安徽、江苏、江西、湖南、湖北、四川、重庆、贵州、云南、台湾、广西；日本、韩国、俄罗斯。

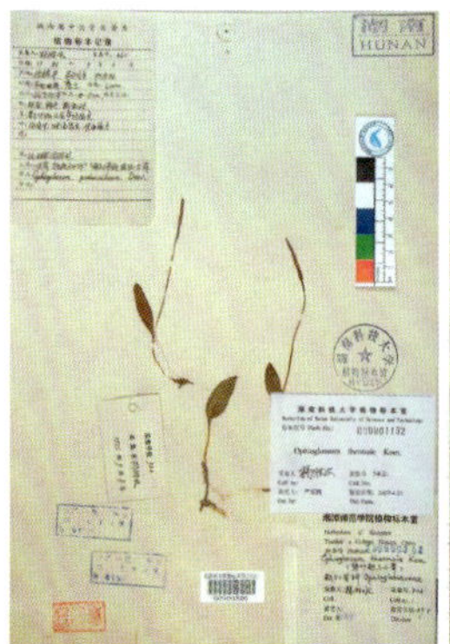

狭叶瓶尔小草

瓶尔小草
Ophioglossum vulgatum L.

河南、陕西、安徽、江苏、浙江、江西、湖南、湖北、四川、重庆、贵州、云南、西藏、福建、台湾、广东、广西、海南、香港、澳门；日本、韩国、印度、斯里兰卡、澳大利亚；欧洲、北美洲。

瓶尔小草

阴地蕨亚科 Subfamily Botrychioideae

阴地蕨属 *Botrychium*

在该地区记载3种。阴地蕨（*Botrychium ternatum*）与华东阴地蕨（*B. japonicum*）是当地分布较广但数量稀少的种类，二者均为该属中孢子叶出自总叶柄基部的种类，两者不易区别；阴地蕨植物体各部细瘦而稀疏，不育叶肉质，裂片边缘具细密尖锯齿；而华东阴地蕨较为粗壮，不育叶草质，干后叶肉平坦。

薄叶阴地蕨（*B. daucifolium*）孢子叶自总柄的中部以上生出，不育叶的中轴和羽柄被长毛，我们在野外未见到此种类型，之前的鉴定可能都是华东阴地蕨的错误鉴定。《武陵山维管植物检索表》还记载有药用阴地蕨（*B. officinale*），其植株体粗壮而密接，裂片全缘或略有波状，产湖南桑植（仅见标本），现已并入薄叶阴地蕨。

1. 株大多光滑无毛；叶原基光滑无毛或仅上部被毛；不育叶片大多较小，5~15cm……………………………………………………………………………………阴地蕨 *B. ternatum*
1. 株疏被毛；叶原基具较多毛；不育叶片大多较大，10~25cm。
  2. 孢梗出自近总柄（即不育叶柄）基部……………………………华东阴地蕨 *B. japonicum*
  2. 孢梗出自总柄（不育叶柄）的1/2~2/3处………………薄叶阴地蕨 *B. daucifolium*

阴地蕨
Botrychium ternatum (Thunb.) Sw.

辽宁、山东、河南、陕西、安徽、江苏、浙江、江西、湖南、湖北、四川、重庆、贵州、福建、台湾、广东、广西；日本、韩国、越南、尼泊尔、印度、亚洲东部温带地区。

阴地蕨

华东阴地蕨

Botrychium japonicum **(Prantl) Underw.**

安徽、江苏、浙江、江西、湖南、贵州、福建、台湾、广东；日本、韩国。

华东阴地蕨

薄叶阴地蕨

Botrychium daucifolium **Wall. ex Hook. et Grev.**（野外未见）

药用阴地蕨 *Botrychium officinale* (Ching) Ching

浙江、江西、湖南、四川、重庆、贵州、云南、台湾、广东、广西、海南；菲律宾、越南、缅甸、印度尼西亚、不丹、尼泊尔、印度、斯里兰卡。

薄叶阴地蕨（照片拍自西藏）

假阴地蕨属 *Botrypus*

在 FOC 中并入了阴地蕨属，但在 PPGI中又独立出来了。武陵山区产 2 种，即蕨萁（*Botrypus virginianus*）和绒毛阴地蕨（*B. lanuginosus*）。蕨萁的孢子叶自不育叶而非总柄的基部生出，不育叶宽三角形，记载产湖南桑植，湖南张家界武陵源也有分布；绒毛假阴地蕨的孢子叶自不育叶基部的 1~2 对羽片之间的中轴生出，也有自第一对羽片基部生出的情况，但叶轴及孢子囊穗柄有很多茸毛，不育叶为五角状三角形或卵状三角形，产湖南石门壶瓶山自然保护区。

1. 孢梗出自不育叶片基部；叶近至完全光滑无毛 ·········· 蕨萁 *B. virginianus*
1. 孢梗出自不育叶片基部以上的叶轴；叶被较多毛至光滑无毛 ·········· 绒毛阴地蕨 *B. lanuginosus*

蕨萁
***Botrypus virginianum* (L.) Michx.**

山西、河南、陕西、甘肃、安徽、浙江、湖南、湖北、四川、重庆、贵州、云南、西藏；美洲、北半球温带地区。

绒毛阴地蕨
***Botrypus lanuginosus* (Wall. ex Hook. et Grev.) Holub**

湖南、四川、贵州、云南、西藏、台湾、广西；菲律宾、越南、缅甸、泰国、马来西亚、印度尼西亚、不丹、尼泊尔、印度、斯里兰卡、新几内亚。

蕨萁

绒毛假阴地蕨

合囊蕨科 Marattiaceae（1/1）

大中型陆生草本，常绿。根状茎直立，斜升或横走，富含淀粉。叶片一型或二型，单叶，掌状或一至四回羽状复叶，小型至巨型；叶柄肉质，基部有一对托叶状附属物，具明显皮孔。叶基具叶枕，沿叶柄有结节。叶脉分离，单一或二叉或网结（天星蕨），有时具假脉；被多细胞毛，被基部或盾状着生鳞片。孢子囊群无囊群盖，沿叶脉着生或下陷在叶肉中，两列或辐射状着生。孢子囊部分或完全融合成聚合囊，有裂缝或裂孔。孢子三裂缝或单裂缝。

该科全世界有6属约111种，泛热带地区分布。武陵山区记载1属1种。

观音座莲属的物种分类极为困难，至今尚没有较好的结合形态学特征的分子系统学研究。福建观音座莲（*Angiopteris fokiensis*）在武陵山区分布较广，但数量不多，在野外不常见，常分布于南部地区阴湿河谷。该种模式标本采集于福建，其主要特征为叶柄粗壮，叶柄及羽柄常被线形小鳞片；小羽片彼此远离（1.5~2.8cm），基部近，基部几截形或圆形，顶部向上微弯，下部羽片缩短，有柄，叶缘全部具有规则的三角形浅锯齿；叶脉下面明显，一般分叉；叶为草质，上面绿色，下面淡绿色。两面光滑。

心脏形观音座莲（*A. subcordata*）在FOC中已并入福建观音座莲，是模式产地产于广东英德的一个物种，其形态特征与福建观音座莲有区别，其主要特征是羽轴无鳞片并具有小刺头突起，小羽片彼此接近，基部略为不等的心脏形，即上侧为截形，下侧为耳圆形，并多少搭在羽轴上，小羽柄短，边缘有均匀的锯齿直达顶端；叶脉开展，分叉或单一，下面明显，上面隐约；叶为草质，上面绿色，下面灰绿色，两面光滑。我们在湖南永顺小溪考察时采集到该种的疑似标本，特记述以存疑。

观音座莲属 *Angiopteris*

福建观音座莲
Angiopteris fokiensis Hieron.

浙江、江西、湖南、湖北、四川、重庆、贵州、云南、福建、广东、广西、海南、香港；日本。

福建观音座莲

紫萁科 Osmundaceae（2/5）

陆生中型、少为树形的植物。根状茎粗肥，直立，树干状或匍匐状，包有叶柄的宿存基部。无鳞片，也无真正的毛。叶片一至二回羽状，二型或一型，或往往同叶上的羽片为二型。叶脉分离，二叉分歧。孢子囊群大，球圆形，大都有柄，裸露，着生于强度收缩变质的孢子叶（能育叶）的羽片边缘；孢子囊顶端具有几个增厚的细胞。常被看作不发育的环带，纵裂为两瓣形。孢子球圆四面形。

全世界产 6 属约 18 种，世界广布温带、热带。中国产紫萁属和桂皮紫萁属 2 属 8 种。武陵山区记载 2 属 5 种。

紫萁属 *Osmunda*

是当地常见的蕨类植物之一，记录紫萁（*Osmunda japonica*）和华南紫萁（*O. vachellii*），近年来作者在湖南通道县发现了粤紫萁（*O. mildei*）。紫萁在各地山地林下开阔处或空旷地常见，孢子叶与营养叶分离，狭缩，并先于营养叶生长。当地民众有采食紫萁幼叶作为蕨菜的习俗。华南紫萁常生长在低海拔溪边石缝中，偶见溪边山坡上；孢子叶与营养叶作为不同的羽片形态生长于同一叶片上，狭缩，位于叶片的基部。粤紫萁为紫萁和华南紫萁的杂交种，是近些年湖南的新纪录种。

1. 叶片一回羽状……………………………………………………… 华南紫萁 *O. vachellii*
1. 叶片二回羽状。
   2. 叶二型或仅先端部分能育；所有小羽片多少近同大……………… 紫萁 *O. japonica*
   2. 叶半二型，下部羽片能育；每羽片的先端小羽片显著增大……… 粤紫萁 *O. mildei*

华南紫萁
***Osmunda vachellii* Hook.**

浙江、江西、湖南、四川、重庆、贵州、云南、福建、广东、广西、海南、香港、澳门；越南、缅甸、泰国、印度。

华南紫萁

紫萁
***Osmunda japonica* Thunb.**

山东、河南、陕西、甘肃、安徽、江苏、上海、浙江、江西、湖南、湖北、四川、重庆、贵州、云南、西藏、福建、台湾、广东、广西、香港；日本、韩国、越南、缅甸、泰国、不丹、印度、巴基斯坦、俄罗斯。

紫萁

粤紫萁
***Osmunda mildei* C. Chr.**

江西、湖南、广东、香港。

粤紫萁

桂皮紫萁属 *Osmundastrum*

在武陵山区不常见。桂皮紫萁（*Osmundastrum cinnamomeum*）不育叶为二回羽状深裂，孢子叶与不育叶分离，多分布于海拔较高的林地，湖南桑植八大公山保护区有标本记录，湖南石门壶瓶山自然保护区有新纪录；绒紫萁（*O. claytoniana*）与桂皮紫萁形态相近，不育叶亦为二回羽状深裂，但孢子叶与不育叶同生于一叶且位于下部，羽轴密被长茸毛，湖南石门壶瓶山有记载，但未见标本；邻近地区湖北五峰后河自然保护区新发现有分布。

1. 叶片半二型；基部 1~2 对营养羽片以上的羽片为能育，能育羽片 2~3 对，大大缩短……………………绒紫萁 *O. claytonianum*
1. 叶片完全二型；孢子叶比营养叶短而瘦弱，遍体密被灰棕色茸毛，叶片强度紧缩，羽片长约 2~3cm ……………………桂皮紫萁 *O. cinnamomeum*

绒紫萁
***Osmundastrum claytonianum* (L.) Tagawa**

Osmunda claytoniana L.

辽宁、湖南、湖北、四川、重庆、贵州、云南、西藏、台湾；日本、韩国、不丹、尼泊尔、印度、俄罗斯、北美洲。

桂皮紫萁
***Osmundastrum cinnamomeum* (L.) C. Presl**

分株紫萁 *Osmundastrum cinnamomeum* var. *fokiense* (Copel.) Tagawa

黑龙江、吉林、辽宁、安徽、浙江、江西、湖南、四川、重庆、贵州、云南、福建、台湾、广东、广西；日本、韩国、越南、印度、俄罗斯、北美洲。

绒紫萁

桂皮紫萁

膜蕨科 Hymenophyllaceae（3/11）

附生、石生或少为陆生，小或中型草本植物。根状茎短而直立或细长而横走，不分枝或不规则分枝；无鳞片或具有单列细胞的微鳞片。叶小，二列生或辐射对称排列；单叶、二叉、掌状或多回羽状分裂或不规则分裂；叶片膜质，1 层细胞或 2~4 层细胞，不具气孔。每裂片叶脉单一，有时有断续的假脉。孢子囊群单生于末回裂片小脉顶端，囊苞坛状、管状或两唇瓣状。孢子囊着生到由叶脉延伸而成的往往凸出于囊苞外圆柱形囊群托的周围，不露出或部分露出于囊苞外面，短柄或无柄，环带斜生或几为横生，多少以纵缝开裂。孢子为球形三裂缝，或四面体，绿色，短命。

全世界有 9 属约 434 种，分布于热带、亚热带及温带。中国产 7 属 53 种，武陵山区记载 3 属 11 种。

瓶蕨亚科 Subfamily Trichomanoideae

假脉蕨属 *Crepidomanes*

是一个单系的自然分类群，具有长而横走的粗壮根状茎，叶片多回羽状分裂，因叶脉间常有连续或不连续的假脉而得名。《武陵山维管植物检索表》记载的峨眉假脉蕨（*Crepidomanes omeiense*）、少脉假脉蕨（*C. paucinervium*）、多脉假脉蕨（*C. insigne*）、长柄假脉蕨（*C. racemulosum*）均并入长柄假脉蕨（*C. latealatum*）；原记载的阔边假脉蕨（*C. latemarginale*）仍为独立存在的物种，其主要特征为叶边有一条或几条连续不断的假脉，与武陵山区分布的长柄假脉蕨近似，但形体较小，我们在该地区没有发现野外活植物，也没有见到标本，可能是过去的错误鉴定。此外，我们在该地区湖南桑植八大公山还发现有假脉蕨属植物一新纪录，西藏瓶蕨（*C. schmidianum*），该种原归在瓶蕨属中，最突出的特点就是叶脉间不具有假脉。

团扇蕨（*C. minutum*）原属团扇蕨属（*Gonocormus*），现已并入假脉蕨属，是武陵山区阴湿石壁生境中广泛分布的物种，形体微小，具有团扇状深裂的小叶片，裂片多整齐，全缘，囊苞生于裂片之间，较裂片短。

1. 具假脉。
   2. 无近边缘的假脉，但具内假脉……………………………长柄假脉蕨 *C. latealatum*
   2. 具明显近边缘的假脉，且假脉连续，近边缘的假脉外有正常细胞 2 行……………………………………………………………………阔边假脉蕨 *C. latemarginale*
1. 无假脉。
   3. 叶片羽状……………………………………………………西藏假脉蕨 *C. schmidianum*
   3. 叶片单一，扇形……………………………………………………团扇蕨 *C. minutum*

长柄假脉蕨（阔翅假脉蕨）
***Crepidomanes latealatum* (Bosch) Copel.**

Crepidomanes racemulosum (Bosch) Ching

多脉假脉蕨 *Crepidomanes insigne* (Bosch) Fu

峨眉假脉蕨 *Crepidomanes omeiense* Ching & P. S. Chiu

少脉假脉蕨 *Crepidomanes paucinervium* Ching

甘肃、安徽、浙江、江西、湖南、四川、重庆、贵州、云南、西藏、福建、台湾、广东、广西、海南、香港；日本、越南、不丹、尼泊尔、印度、斯里兰卡、澳大利亚、马来群岛。

长柄假脉蕨

阔边假脉蕨

***Crepidomanes latemarginale* (D. C. Eaton) Copel.**（野外未见）

湖南、云南、福建、台湾、广东、广西、海南、香港；日本、越南、泰国、马来西亚、印度。

西藏假脉蕨（西藏瓶蕨）

***Crepidomanes schmidianum* (Zenker ex Taschner) K. Iwats.**

Vandenboschia schmidiana (Zenker ex Taschner) Copel.

贵州、云南、西藏、台湾、广西；日本、不丹、尼泊尔、印度。

西藏假脉蕨

团扇蕨
Crepidomanes minutum (Blume) K. Iwats.

黑龙江、吉林、辽宁、甘肃、安徽、上海、浙江、江西、湖南、湖北、四川、重庆、贵州、云南、福建、台湾、广东、广西、海南、香港、澳门；日本、韩国、菲律宾、越南、泰国、柬埔寨、马来西亚、印度尼西亚、不丹、尼泊尔、印度、斯里兰卡、俄罗斯、澳大利亚；太平洋岛屿、非洲。

团扇蕨

瓶蕨属 *Vandenboschia*

也是一个单系的自然分类群，同假脉蕨属具有亲缘关系，具有长而横走或攀缘的粗壮根状茎，但叶脉间不具有假脉，囊苞突出于叶边之外。《武陵山维管植物检索表》中记载有城口瓶蕨（*Vandenboschia fargesii*）、瓶蕨（*V. auriculata*）、漏斗瓶蕨（*V. naseanum*）和华东瓶蕨（*V. orientale*）等 4 种，其中漏斗瓶蕨已并入南海瓶蕨（*V. striata*），华东瓶蕨为南海瓶蕨的错误鉴定，其名称已不再用于中国植物。管苞瓶蕨（*V. kalamocarpa*）是新纪录的种类，主要特征为植株明显小于南海瓶蕨。

1. 叶无柄或近无柄。
  2. 叶片一回羽状至二回羽状分裂，叶轴无翅或具极狭翅…………瓶蕨 *V. auriculata*
  2. 叶片二回羽状至三回羽状分裂，叶轴阔具翅……………………城口瓶蕨 *V. fargesii*
1. 叶具明显长柄。
  3. 叶通常小于 20cm；根茎细，粗约 1mm…………………管苞瓶蕨 *V. kalamocarpa*
  3. 叶大于 20cm；根茎粗，粗通常大于 1. 5mm……………………南海瓶蕨 *V. striata*

瓶蕨
***Vandenboschia auriculata* (Blume) Copel.**

浙江、江西、湖南、四川、重庆、贵州、云南、西藏、台湾、广东、广西、海南、香港；日本、老挝、缅甸、泰国、柬埔寨、不丹、尼泊尔、印度；太平洋岛屿、马来群岛。

瓶蕨

城口瓶蕨

城口瓶蕨
***Vandenboschia fargesii* (Christ) Ching**

湖南、重庆、贵州、云南。

管苞瓶蕨
***Vandenboschia kalamocarpa* (Hayata) Ebihara**

江西、湖南、台湾；日本。

管苞瓶蕨

南海瓶蕨

***Vandenboschia striata* (D. Don) Ebihara**

漏斗瓶蕨 *Vandenboschia naseana* (Christ) Ching

华东瓶蕨 *Vandenboschia orientalis* (C. Chr.) Ching

河南、浙江、江西、湖南、四川、贵州、云南、福建、台湾、广东、广西、海南；日本、越南、老挝、缅甸、不丹、尼泊尔、印度。

南海瓶蕨

膜蕨亚科 Subfamily Hymenophylloideae

膜蕨属 *Hymenophyllum*

包括秦仁昌系统中的膜蕨属和蕗蕨属（*Mecodium*），在中国广义的膜蕨属植物中，狭义的膜蕨属和蕗蕨属是很容易区分的两个类群，即前者叶边缘有锯齿，后者叶边缘全缘。但从世界范围来看，分子系统学证据显示，两者均非单系类群，采用广义的膜蕨属并共享根状茎细长而横走的性状是一个比较合适的概念。

华东膜蕨（*Hymenophyllum babatum*）在《Flora of China》中将多个中国产膜蕨属种类予以归并处理，以致该种成为一个形态及大小差异非常显著的复合群；《武陵山维管植物检索表》中记载的小叶膜蕨（*H. oxyodon*）、长叶膜蕨（*H. fastigiosum*）、黄山膜蕨（*H. wangshanense*）、顶果膜蕨（*H. khasianum*）均并入其中。该种高 1~15cm，二回羽状深裂，裂片边缘有明显锯齿，多生长于该地区中、高海拔山地树干或石上。我们在湖南省武陵源区宝峰湖采集到一种膜蕨属植物，形体微小，叶片长圆形，一回羽状深裂，叶柄不具翅，极似小叶膜蕨；经比较 JSTOR 网站上该种的模式标本照片（Vietnam, Tonkin, Mont Bau, B. Balansa, #s.n., 1886/07, The Gray Herbarium (GH), GH00021376），认为该种可能和华东膜蕨具有不同之处，需进一步研究。

秦仁昌系统中的蕗蕨属植物是一个比较容易识别的属级概念。其中蕗蕨（*Mecodium badium*）形体较高大，叶柄上具有阔翅，容易辨别，《武陵山维管植物检索表》中记载的齿苞蕗蕨（*M. propinquum*）现并入其中；长柄蕗蕨（*H. polyanthos*）在《Flora of China》中被处理为一个包括众多异名的复合群，《武陵山维管植物检索表》中记载的小果蕗蕨（*M. microsorum*）、扁苞蕗蕨（*M. paniculiflorum*）、庐山蕗蕨

（*M. lushanense*）、顶果蕗蕨（*M. acrocarpum*）、长柄蕗蕨（*M. osmundoides*）、四川蕗蕨（*M. szechuanense*）均并入其中。

1. 叶缘和囊苞具锯齿……………………………………………………华东膜蕨 *H. barbatum*
1. 叶缘和囊苞全缘。
 2. 叶柄全部具阔翅，每边的翅大于 0.6mm…………………………… 蕗蕨 *H. badium*
 2. 叶柄无翅或具狭翅，每边的翅小于 0.4mm………………… 长柄蕗蕨 *H. polyanthos*

华东膜蕨

***Hymenophyllum barbatum* (Bosch) Baker**

长叶膜蕨 *Hymenophyllum fastigiosum* Christ

黄山膜蕨 *Hymenophyllum whangshanense* Ching & P. S. Chiu

小叶膜蕨 *Hymenophyllum oxyodon* Baker

顶果膜蕨 *Hymenophyllum khasianum* Baker

河南、陕西、安徽、浙江、江西、湖南、湖北、四川、重庆、贵州、福建、台湾、广东、广西、海南；日本、韩国、越南、缅甸、泰国、印度。

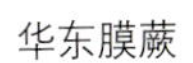

华东膜蕨

蕗蕨

Hymenophyllum badium Hook. et Grev.

波纹蕗蕨 *Hymenophyllum crispatum* Hook. et Grev.

齿苞蕗蕨 *Mecodium propinquum* Ching et Chiu

浙江、江西、湖南、湖北、四川、重庆、贵州、云南、西藏、福建、台湾、广东、广西、海南、香港；日本、越南、不丹、尼泊尔、印度、斯里兰卡、马来群岛。

蕗蕨

长柄蕗蕨

Hymenophyllum polyanthos (Sw.) Sw.

顶果蕗蕨 *Hymenophyllum acrocarpum* Ching

四川蕗蕨 *Hymenophyllum szechuanense* Ching & P. S. Chiu

扁苞蕗蕨 *Hymenophyllum paniculiflorum* C. Presl

小果蕗蕨 *Hymenophyllum microsorum* Bosch

庐山蕗蕨 Mecodium lushanense Ching et P. S. Chiu

甘肃、安徽、浙江、江西、湖南、四川、贵州、福建、台湾、广东、广西、香港；世界热带和亚热带地区。

长柄蕗蕨

里白科 Gleicheniaceae（2/4）

中型或大型草本，陆生或攀缘状。根状茎长而横走，原生中柱，二叉分枝；鳞片或被节状毛。叶片一型，有柄；叶片一回羽状，或由于顶芽不发育，主轴都为一回至多回二叉分枝或假二叉分枝，分枝处的腋间有一被毛或鳞片和叶状苞片所包裹的休眠芽，有时在两侧有一对篦齿状托叶；叶脉分离。孢子囊群小而圆，无盖，由2~6个无柄孢子囊组成，排列于主脉和叶边之间。孢子囊陀螺形，有一条横绕中部的环带，从一侧以纵缝开裂。孢子四面形或两面形，透明，无周壁。

全世界里白科包括6属约157种，主产热带地区；中国产3属15种；武陵山区2属4种。

芒萁属 *Dicranopteris*

根状茎被毛，主轴一至多回分枝，末回主轴的顶端生出一对篦齿状的一回羽状小羽片，叶脉多次分叉，每组通常有小脉4~6条。武陵山区产1种——芒萁（*Dicranopteris pedata*），在武陵山区酸性土地区广布。

芒萁

***Dicranopteris pedata* (Houtt.) Nakaike**

Dicranopteris dichotoma (Thunb.) Bernh.

山西、河南、甘肃、安徽、江苏、浙江、江西、湖南、湖北、四川、重庆、贵州、云南、福建、台湾、广东、广西、香港、澳门；日本、印度、越南、朝鲜半岛。

芒萁

里白属 *Diplopterygium*

根状茎被披针形鳞片，主轴通直，单一，不为二叉分枝，顶端（或者下部）两侧生出一对二回羽状的大羽片；叶脉一次分叉，每组仅有小脉 2 条。该属在武陵山区仅 3 种，里白（*Diplopterygium glaucum*）、中华里白（*D. chinense*）和光里白（*D. laevissimum*）。里白叶背常被白粉或呈灰白色，无毛或鳞片，裂片和小羽轴垂直相交或略斜展；中华里白叶背常密被棕红色鳞片，裂片和小羽轴垂直相交或略斜展；光里白叶背光滑，绿色或灰绿色，裂片和小羽轴成 45~60° 斜展相交。

里白属植物常在该地区林下生长成优势层片，对森林的演替和发育具有重要作用；此外该属植物叶柄中的维管束发达，有当地民众用里白属维管束编制各种家用器具。

1. 中肋和分肋具密的鳞片……………………………………中华里白 *D. chinense*
1. 中肋和分肋无鳞片，有时具稀疏的星状毛。
  2. 裂片水平…………………………………………………………里白 *D. glaucum*
  2. 裂片斜展……………………………………………………光里白 *D. laevissimum*

中华里白
Diplopterygium chinense (Rosenst.) De Vol

浙江、江西、湖南、四川、重庆、贵州、云南、西藏、福建、台湾、广东、广西、海南、香港、澳门；越南。

中华里白

里白
***Diplopterygium glaucum* (Thunb. ex Houtt.) Nakai**

安徽、江苏、浙江、江西、湖南、湖北、四川、重庆、贵州、云南、福建、台湾、广东、广西、香港；日本、韩国、菲律宾、印度。

里白

光里白
***Diplopterygium laevissimum* (Christ) Nakai**

安徽、浙江、江西、湖南、湖北、四川、重庆、贵州、云南、西藏、福建、台湾、广东、广西、海南；日本、菲律宾、越南。

光里白

海金沙科 Lygodiaceae（1/3）

陆生攀缘植物。根状茎长而横走，被单列细胞的毛或微鳞片。叶远生或近生，单轴型，叶轴为无限生长，细长，缠绕攀缘，常高达数米，沿叶轴相隔一定距离有向左右方互生的短枝（距），顶上有一个不发育的被茸毛的休眠小芽，从其两侧生出一对左右开向的羽片。叶脉通常分离，少为疏网状，不具内藏小脉。孢子囊群为流苏状的孢子囊穗，由两行并生的孢子囊组成。孢子囊生于小脉顶端，并被由叶边外长出来的一个反折小瓣包裹，形如囊群盖。孢子囊大，多少如梨形，横生短柄上，环带位于小头，由几个厚壁细胞组成，以纵缝开裂。孢子四面体形。

1 属约 40 种，泛热带分布，北达韩国南部、日本和北美洲，南达非洲及新西兰。中国产 9 种。武陵山区产 1 属 3 种。

小叶海金沙（*Lygodium microphyllum*）为热带性的种，在武陵山区南部地区通道等地有分布。

海金沙属 *Lygodium*

1. 小羽片基部具关节……………………………………………… 小叶海金沙 *L. microphyllum*
1. 小羽片不以关节着生于叶轴。
  2. 能育羽片和不育羽片二型；小羽片 4~6mm 宽 ………………… 海金沙 *L. japonicum*
  2. 能育羽片和不育羽片一型；小羽片 1~3cm 宽 …………… 曲轴海金沙 *L. flexuosum*

小叶海金沙
Lygodium microphyllum (Cav.) R. Br.

江西、湖南、云南、福建、台湾、广东、广西、海南、香港；菲律宾、缅甸、马来西亚、印度尼西亚、尼泊尔、印度、澳大利亚；南太平洋岛屿、非洲、北美洲。

小叶海金沙

海金沙
Lygodium japonicum (Thunb.) Sw.

河南、陕西、甘肃、安徽、江苏、上海、浙江、江西、湖南、湖北、四川、重庆、贵州、云南、西藏、福建、台湾、广东、广西、海南、香港、澳门；日本、韩国、菲律宾、印度尼西亚、不丹、尼泊尔、印度、斯里兰卡、澳大利亚；北美洲。

海金沙

曲轴海金沙
Lygodium flexuosum (L.) Sw.（野外未见）

湖南、贵州、云南、福建、广东、广西、海南、香港、澳门；日本、菲律宾、越南、泰国、马来西亚、不丹、尼泊尔、印度、斯里兰卡、澳大利亚。

槐叶蘋科 Salviniaceae（2/2）

小型水生漂浮草本植物。主茎横走，原生中柱；密被毛，无鳞片；有根（满江红）或无根（槐叶蘋）。叶表皮由于具乳突而对水珠具有自清洁作用；叶片3轮，上2轮漂浮，绿色，羽片圆形或长圆形，第3轮沉于水下，细裂成根状（槐叶蘋）；或者叶互生，二列，微小（约1mm）；二裂：1裂片漂浮，近基部的空腔内有共生蓝藻，1裂片下沉，仅1层细胞（满江红）。孢子囊位于孢子果内，附生在下沉的叶片上，看上去一型（槐叶蘋）或成对生长球形的小孢子果和卵形的大孢子果（满江红）。

全世界有2属约21种，广布于热带至温带地区。中国产2属4种，包括秦仁昌系统的满江红科（Azollaceae）和槐叶蘋科。武陵山区产2属2种。

满江红属 *Azolla*

仅产满江红（*Azolla pinnata* subsp. *asiatica*）1种，羽片细裂，水生漂浮植物；当地可能还产细叶满江红（*A. filiculoides*），相比满江红，其侧枝数目比茎叶数目少，大孢子囊外壁有3个浮膘，小孢子囊内的泡胶块具无分隔锚状毛。

满江红
Azolla pinnata R. Br. subsp. *asiatica* R. M. K. Saunders et K. Fowler

辽宁、河北、山西、山东、河南、安徽、江苏、浙江、江西、湖南、湖北、四川、贵州、云南、福建、台湾、广东、广西；日本、韩国、菲律宾、越南、缅甸、泰国、马来西亚、印度尼西亚、印度、孟加拉国、巴基斯坦、斯里兰卡。

满江红

槐叶蘋属 *Salvinia*

产 1 种，槐叶蘋（*Salvinia natans*），叶片卵圆形，两面密被毛状体，水生漂浮植物。

槐叶蘋
Salvinia natans (L.) Allioni

中国大部分地区有分布，主要在长江流域；越南、泰国、印度；亚洲、欧洲、非洲。

槐叶蘋

蘋科 Marsileaceae（1/1）

小型草本植物，生池塘或湖泊的浅水区或岸边。根状茎细长而横走，被短毛。叶片线形或叶柄顶端具 2~4 个长三角形或扇形羽片，漂浮在水面或挺出水面。孢子果豆形，以短梗着生在叶柄上。孢子果内有 2~30 个孢子囊群，每个囊群包含有大孢子囊和小孢子囊。大孢子囊具 1 个大孢子，小孢子囊内有 16~64 个小孢子。

全世界有 3 属约 61 种，以非洲及澳大利亚为分布中心。中国产 1 属 3 种。武陵山区产 1 属 1 种。

蘋属 *Marsilea*

产蘋（*Marsilea quadrifolia*）1 种，叶片 4 裂，裂片边缘全缘，俗称田字草；中国南方还产南国田字草（*M. minuta*），裂片边缘有波状锯齿，可能在当地也有分布。

蘋
Marsilea quadrifolia **L.**

黑龙江、吉林、辽宁、内蒙古、河北、天津、北京、山西、山东、河南、陕西、宁夏、甘肃、青海、新疆、江苏、上海、浙江、江西、湖南、湖北、四川、重庆、贵州、云南、福建、广东、广西、海南、香港、澳门；日本、韩国、欧洲，引进到北美洲。

蘋

瘤足蕨科 Plagiogyriaceae（1/5）

陆生中型蕨类植物。根状茎粗短而直立，圆柱状，辐射对称式，不具鳞片或真正的毛。叶片簇生顶端，二型，叶柄长，基部膨大，三角形，呈托叶状，腹部扁平，背面中部隆起。叶片一回羽状或羽状深裂达叶轴，顶部羽裂合生，或具一顶生分裂羽片；羽片多对，分离或合生，有时基部上延，披针形或多少为镰刀形，全缘或至少顶部有锯齿。孢子囊群为近叶边生，位于分叉叶脉的加厚小脉上，幼时分离，成熟后汇合成片，布满复羽片下面，幼时为特化的干膜质的反卷叶边所覆盖，但以后被成熟的孢子囊群推开。孢子囊为水龙骨形但有完整而斜生的环带，由 20~24 个加厚细胞组成，具长而粗的柄，由 5~6 纵列的细胞组成。孢子四面体形，具四个凸出的棱角，光滑透明。

全世界有 1 属约 15 种，主要分布于东亚、东南亚，1 种达热带美洲。中国产 8 种。武陵山区产 5 种。

瘤足蕨属 *Plagiogyria*

因叶柄基部膨大成瘤状而得名，耳形瘤足蕨（*Plagiogyria stenoptera*）和镰羽瘤足蕨（*P. falcata*）形态相似，二者叶柄及羽柄三棱形，基部羽片镰形且明显上延，耳形瘤足蕨因其基部多对羽片收缩成耳状而得名，在该地区中高海拔地区常见分布，在地理分布上主要分布在中国中西部地区；镰羽瘤足蕨基部羽片不收缩或略收缩或稍向下反折，该地区分布在中低海拔生境，在地理分布上主要分布在中国中东部及华南地区。其他种类则显示出相对连续的性状变异，华中瘤足蕨（*P. euphlebia*）具有独立的顶生羽片，侧生羽片全部具有明显的短柄；华东瘤足蕨（*P. japonica*）具有不甚明显的顶生羽片，侧生羽片具有极短的羽柄，基部不上延；瘤足蕨（*P. adnata*）的羽片顶端渐尖而不具有顶生羽片，侧生羽片无柄且基部明显上延为狭翅。

《武陵山维管植物检索表》记载的镰叶瘤足蕨（*P. rankanensis*）、倒叶瘤足蕨（*P. dunnii*）先已分别并入瘤足蕨和镰羽瘤足蕨；记载的武陵山区特有植物武陵瘤足蕨（*P. wulingshanensis*）已处理为瘤足蕨的异名。

1. 不育叶片羽状，大多数羽片基部楔形、圆形、截形或渐狭。
  2. 具有独立的顶生羽片，侧生羽片全部具有明显的短柄 …… 华中瘤足蕨 *P. euphlebia*
  2. 具有不甚明显的顶生羽片，侧生羽片具有极短的羽柄 …… 华东瘤足蕨 *P. japonica*
1. 不育叶片羽状至羽状分裂或羽状圆裂，羽片通常贴生至叶轴。
  3. 基部一至多对羽片为互生的近半圆形的小耳片 ………… 耳形瘤足蕨 *P. stenoptera*
  3. 基部羽片不狭缩为小耳片。
    4. 羽片不为镰刀形 ……………………………………………… 瘤足蕨 *P. adnata*
    4. 羽片镰刀形 ……………………………………………… 镰羽瘤足蕨 *P. falcata*

华中瘤足蕨
Plagiogyria euphlebia **(Kunze) Mett.**

甘肃、安徽、浙江、江西、湖南、湖北、四川、重庆、贵州、云南、福建、台湾、广东、广西；日本、韩国、菲律宾、越南、缅甸、不丹、尼泊尔、印度。

华中瘤足蕨

华东瘤足蕨
Plagiogyria japonica **Nakai**
两广瘤足蕨 *Plagiogyria liankwangensis* Ching

安徽、江苏、浙江、江西、湖南、湖北、四川、重庆、贵州、云南、福建、台湾、广东、广西、海南；日本、韩国、印度。

华东瘤足蕨　　耳形瘤足蕨

耳形瘤足蕨
Plagiogyria stenoptera **(Hance) Diels**

湖南、湖北、四川、重庆、贵州、云南、台湾、广西；日本、菲律宾、越南。

瘤足蕨
Plagiogyria adnata (Blume) Bedd.

镰叶瘤足蕨 *Plagiogyria rankanensis* Hayata

武陵瘤足蕨 *Plagiogyria wulingshanensis* C. M. Zhang & S. F. Wu

安徽、浙江、江西、湖南、湖北、四川、重庆、贵州、云南、福建、台湾、广东、广西、海南、香港；日本、菲律宾、越南、缅甸、泰国、马来西亚、印度尼西亚、印度东部。

瘤足蕨

镰羽瘤足蕨
Plagiogyria falcata Copel.

倒叶瘤足蕨 *Plagiogyria dunnii* Copel

安徽、浙江、江西、湖南、贵州、福建、台湾、广东、广西、海南；菲律宾。

镰羽瘤足蕨

桫椤科 Cyatheaceae（1/1）

陆生蕨类植物，通常为树状，乔木状或灌木状。主茎粗壮，圆柱形，高耸，直立，通常不分枝（少数种类仅具短而平卧的根状茎），被鳞片，有复杂的网状中柱，髓部有硬化的维管束，茎干下部密生交织包裹的不定根。叶大型，多数，簇生于茎干顶端，成对称的树冠。孢子囊群圆形，生于隆起的囊托上，生于小脉背上。孢子囊卵形，具有一个完整而斜生的环带（即不被囊柄隔断）。孢子四面体形，辐射对称，具周壁，外壁表面光滑。

全世界有 3 属约 643 种，遍布于热带地区。中国产 2 属 14 种。武陵山区产 1 种。

桫椤属 *Alsophila*

粗齿桫椤（*Alsophila denticulata*）现为国家二级重点保护野生植物，在武陵山区较为少见，主要分布在阴湿林下。在湖南张家界武陵源区金鞭溪等地有零星分布。粗齿桫椤与小黑桫椤（*A. metteniana*）形态极为相似，二者在野外难以辨别，《中国植物志》过去对二者的形态鉴别和地理分布时有混淆；二者均为小型无主茎的桫椤科植物，主要区别在于前者叶柄基部鳞片边缘具有单细胞刺毛。过去武陵山区采集的标本有鉴定为小黑桫椤者，应为该种的错误鉴定。

粗齿桫椤
Alsophila denticulata Baker

浙江、江西、湖南、四川、重庆、贵州、云南、福建、台湾、广东、广西；日本。

粗齿桫椤

金毛狗科 Cibotiaceae（1/1）

陆生大型草本。根状茎粗壮，木质，平卧或有时转为斜升，密被柔软锈黄色长茸毛，形如金毛狗头。叶同型，有粗长的柄，叶片大（2~4m），广卵形，多回羽状分裂；末回裂片线形，有锯齿，叶脉分离。孢子囊群着生叶边，顶生于小脉上，囊群盖两瓣状，革质，分内外两瓣，内瓣较小，形如蚌壳。孢子囊梨形，有短柄，侧裂。孢子为三角状的四面体形，透明，无周壁。

全世界有1属约9种，分布于热带亚洲、美洲中部及太平洋群岛。中国产2种。武陵山区产1种。

金毛狗属 *Cibotium*

金毛狗（*Cibotium barometz*）在《中国植物志》中置于蚌壳蕨科（Dicksoniaceae），现分子生物学证据显示应单列成科。金毛狗现为国家二级重点保护野生植物，在武陵山区较为少见，主要分布在武陵山区南部。在湖南保靖县碗米坡镇拔茅村、洞口雪峰山等地有分布。

金毛狗蕨
Cibotium barometz (L.) J. Sm.

河南、浙江、江西、湖南、湖北、四川、重庆、贵州、云南、西藏、福建、台湾、广东、广西、海南、香港、澳门；日本、越南、缅甸、泰国、马来西亚、印度尼西亚、印度。

金毛狗蕨

鳞始蕨科 Lindsaeaceae（3/5）

陆生植物，少有附生（有攀缘的根状茎）。根状茎短而横走，或长而蔓生，具原始中柱；有原始的微鳞片，即仅由2~4行大而有厚壁的细胞组成，或基部为鳞片状，上面变为长针毛状。叶同型，有柄，与根状茎之间无关节相连，羽状分裂，草质，光滑。叶脉分离，或少有为稀疏的网状，不具内藏细脉。孢子囊群为叶缘生的汇生囊群，着生在2至多条细脉的结合线上，或单独生于脉顶，位于叶边或边内，有盖；囊群盖为两层，里层为膜质，外层即为绿色叶边，少有变化，里层的以基部着生，或有时两侧也部分着生叶肉，向外开口。孢子囊为水龙骨型，柄长而细，有3行细胞；每孢子囊有孢子32个。孢子四面体形三裂缝或两面形单裂缝，不具周壁。

鳞始蕨科全世界有7属约234种，主产热带地区。中国产4属19种。武陵山区产鳞始蕨属、乌蕨属和香鳞始蕨属3属5种。

鳞始蕨属 *Lindsaea*

有爪哇鳞始蕨（*Lindsaea javanensis*）、团叶鳞始蕨（*L. orbiculata*）2种，前者叶柄栗褐色，基部1~2对羽片二回羽状复叶，向上一回羽状，羽片斜方形，下侧平直或稍内弯，上侧3~5浅裂，产湖南桑植芭茅溪；后者叶片一回羽状或基部二回羽状，羽片团扇形，产武陵山区南部通道。

1. 叶片三角状披针形，7~20cm×6~15cm，一回羽状或下部二回羽状；羽片斜方形…………………………………………………………………………… 爪哇鳞始蕨 *L. javanensis*
1. 叶片线状披针形，长15~20cm×1.8~2cm，一回羽状，下部往往二回羽状；羽片团扇形…………………………………………………………… 团叶鳞始蕨 *L. orbiculata*

爪哇鳞始蕨
Lindsaea javanensis **Blume**

长柄鳞始蕨 *Lindsaea longipetiolata* Ching

江西、湖南、贵州、云南、福建、台湾、广东、广西、海南；日本、越南、缅甸、泰国、马来西亚、印度。

爪哇鳞始蕨

团叶鳞始蕨
***Lindsaea orbiculata* (Lam.) Mett. ex Kuhn**

浙江、江西、湖南、四川、贵州、云南、福建、台湾、广东、广西、海南、香港、澳门；日本、菲律宾、越南、缅甸、泰国、马来西亚、新加坡、印度尼西亚、尼泊尔、印度、斯里兰卡。

团叶鳞始蕨

乌蕨属 *Odontosoria*

仅乌蕨（*Odontosoria chinensis*）1 种，叶柄禾秆色，叶片三至四回回羽状细裂，末回裂片楔形或线形，孢子囊群仅叶缘着生，囊群盖向叶缘开口，喜酸性土壤，生于山地林下、路边等阳光充足处。

乌蕨
***Odontosoria chinensis* (L.) J. Sm.**

Stenoloma chusanum (L.) Ching

河南、甘肃、安徽、江苏、上海、浙江、江西、湖南、湖北、四川、重庆、贵州、云南、西藏、福建、台湾、广东、广西、海南、香港、澳门；日本、韩国、菲律宾、越南、缅甸、泰国、马来西亚、不丹、尼泊尔、印度、孟加拉国、斯里兰卡、马达加斯加、太平洋岛屿。

乌蕨

香鳞始蕨属 *Osmolindsaea*

有香鳞始蕨（*Osmolindsaea odorata*）和日本鳞始蕨（*O. japonica*）两种。两者叶柄均为禾秆色，一回羽状复叶，羽片互生，孢子囊群横线型；前者植株形体较大，羽片斜三角形，下侧平直，上侧有 3~5 处缺刻；后者植株形体较小，羽片半圆形、斜方形或三角形，下侧弧形，上侧有 8~10 处缺刻呈钝锯齿状。

1. 羽片 3~10 对，大多全缘或具少数缺刻；囊群连续或近连续；根茎鳞片小于 1mm ……………… 日本鳞始蕨 *O. japonica*
1. 羽片 15~30 对，具缺刻；囊群间断；根茎鳞片 2~3mm ……… 香鳞始蕨 *O. odorata*

日本鳞始蕨
Osmolindsaea japonica **(Baker) Lehtonen et Christenh.**

江西、湖南、四川、贵州、台湾、广东、海南；日本、韩国。

日本鳞始蕨

香鳞始蕨
Osmolindsaea odorata **(Roxb.) Lehtonen et Christenh.**

鳞始蕨 *Lindsaea odorata* Roxb.

浙江、江西、湖南、四川、贵州、云南、西藏、福建、台湾、广东、广西、海南；日本、菲律宾、越南、缅甸、泰国、马来西亚、印度尼西亚、不丹、尼泊尔、印度、孟加拉国、斯里兰卡、巴布亚新几内亚、太平洋岛屿。

香鳞始蕨

凤尾蕨科 Pteridaceae（8/68）

中型草本，陆生、水生、石生或附生。根状茎直立、斜生或横走。鳞片多狭小，狭长披针形，边缘全缘，或网格状（书带蕨）。叶片一型，少二型；叶柄具沟，单叶或一至四回羽状叶，叶脉分离或网结（无内藏小脉）。孢子囊群线形，沿叶脉着生或近叶边着生；叶边反卷成假囊群盖，线形或无。孢子囊具长柄，纵行环带。孢子四面体形，三沟，或椭球形，单沟。

凤尾蕨科隶属于凤尾蕨亚目，是一个庞杂的系统，全世界 53 属约 1211 种，世界广布，主产热带地区。中国产 20 属 266 种，包括水蕨亚科（Parkerioideae）、珠蕨亚科（Cryptogrammoideae）、碎米蕨亚科（Cheilanthoideae）、书带蕨亚科（Vittarioideae）和凤尾蕨亚科（Pteridoideae）5 个亚科，囊括了秦仁昌系统中的水蕨科（Parkeriaceae）、卤蕨科（Acrostichaceae）、裸子蕨科（Hemionitidaceae）、中国蕨科（Sinopteridaceae）、铁线蕨科（Adiantaceae）、书带蕨科（Vittariaceae）、车前蕨科（Antrophyaceae）的全部和凤尾蕨科、鳞始蕨科的部分种类。武陵山区产 4 亚科 8 属 68 种。

珠蕨亚科 Subfamily Cryptogrammoideae

凤丫蕨属 *Coniogramme*

原属秦仁昌系统中的裸子蕨科，武陵山区产 14 种，野外调查到 11 种。凤丫蕨（*Coniogramme japonica*）、疏网凤丫蕨（*C. wilsonii*）、井冈山凤丫蕨（*C. jinggangshanensis*）是该属中叶脉连接成网状的 3 个种类，凤了蕨叶脉沿中脉两侧形成 2~3 行连续的斜长网眼，疏网凤了蕨仅具少数不连续的网眼，井冈山凤尾蕨则具有栗色而非禾秆色的叶柄。《武陵山维管植物检索表》记载的南岳凤丫蕨（*C. chentrochensis*）已并入凤了蕨。

叶脉分离的凤了蕨属种类在武陵山区记载很多，相互之间较难辨认。一回羽状的种类有黑轴凤丫蕨（*C. robusta*）及其变种黄轴凤丫蕨（var. *rependula*），前者叶柄深紫色至近黑色羽片形态变化较大，现已归并了原记载的新黑轴凤丫蕨（*C. neorobusta*）和假黑轴凤丫蕨（*C. pseudorobusta*），后者叶柄禾秆色；其他均为二回羽状叶。峨眉凤丫蕨（*C. omeiensis*）是该属一特别物种，叶表面常有白色或淡黄色斑纹。因羽片形态变化还记载有镰羽凤丫蕨（*C. falcipinna*），但是已并于峨眉凤丫蕨；乳头凤丫蕨叶柄禾秆色，叶轴及叶片下面密被乳头状柔毛，与之近似的是紫柄凤丫蕨（*C. sinensis*），但叶柄紫色且毛被较为稀疏，可能处理为乳头凤尾蕨的变种较好；尾尖凤丫蕨（*C. caudiformis*）的小羽片顶端有一突然狭缩的尾尖，而普通凤丫蕨（*C. intermedia*）的小羽片则为渐尖头。

该属由于目前尚缺少系统的分子系统学研究，物种分类较为困难，武陵山区原记载的其他多个物种在《Flora of China》中已做了相应处理，部分记载的种类仍存在，作者认为这些物种的分类地位尚需进一步研究。

1. 叶脉在中肋两侧网结呈至少几个网眼。
 2. 叶脉在中肋两侧网结呈 1 或 2(或 3) 行有规则的连续网眼 …… 凤丫蕨 *C. japonica*
 2. 叶脉在中肋两侧网结呈不规则的 1 行间断网眼，每侧偶尔仅具 1 或 2 网眼。
  3. 叶脉在中肋两侧形成 1 行间断的网眼，叶柄淡黄色 …… 疏网凤丫蕨 *C. wilsonii*
  3. 叶脉在中肋两侧形成仅 1 或 2 个网眼，叶柄栗色 ………………………………… 井冈山凤丫蕨 *C. jinggangshanensis*
1. 叶脉全分离。
 4. 水囊体通常不延伸至边缘锯齿的基部，叶片一回羽状，叶柄和叶轴通常暗棕色至紫黑色 ………………………………… 黑轴凤丫蕨 *C. robusta*
  5. 叶轴和中肋背面紫黑色 ……………… 黑轴凤丫蕨（原变种）var. *robusta*
  5. 叶轴和中肋禾秆色 ………………………… 黄轴凤丫蕨 var. *rependula*
 4. 水囊体延伸至边缘锯齿的基部或齿内。
  6. 小羽片背面密生乳头状突起，每乳头顶端具 1 短而硬的毛 ………………………………… 乳头凤丫蕨 *C. rosthornii*
  6. 小羽片背面不密生乳头状突起，光滑无毛或被柔毛，毛卷曲和平直。
   7. 成熟株叶片三回羽状，下部大多数羽片二回羽状 ……… 尖齿凤丫蕨 *C. affinis*
   7. 叶片一或二回羽状，下部大多数羽片单一或羽状，从不为二回羽状。
    8. 小羽片披针形或倒披针形；水囊体伸入齿牙，近或与锯齿边缘融合。
     9. 小羽片边缘的锯齿密，尖锐和精细；水囊体略粗于叶脉，延伸至齿牙顶端并与齿牙融合 ………………………… 尖齿凤丫蕨 *C. affinis*
     9. 小羽片边缘的锯齿粗糙，平展；水囊体粗为叶脉的 2 倍，伸入齿牙或近齿牙边缘 ………………………… 普通凤丫蕨 *C. intermedia*
      10. 叶片背面被毛……………… 普通凤丫蕨（原变种）var. *intermedia*
      10. 叶片背面无毛………………………… 无毛凤丫蕨 var. *glabra*
    8. 小羽片通常阔披针形至长圆形；水囊体延伸至锯齿基部或略伸入齿牙。
     11. 小羽片背面光滑无毛。
      12. 小羽片通直………………………… 峨眉凤丫蕨 *C. emeiensis*
      12. 小羽片弓形或镰状…………………… 镰羽凤丫蕨 *C. falcipinna*
     11. 小羽片背面被毛。
      13. 叶柄和叶轴红紫色…………………… 紫柄凤丫蕨 *C. sinensis*
      13. 叶柄和叶轴基部淡黄色或紫棕色 ………………………
       14. 小羽片上面具短和陷入叶肉中有关节的毛 …… 上毛凤丫蕨 *C. suprapilosa*
       14. 小羽片上面光滑无毛 ……………… 尾尖凤丫蕨 *C. caudiformis*

凤丫蕨

***Coniogramme japonica* (Thunb.) Diels**

南岳凤丫蕨 *Coniogramme centrochinensis* Ching

河南、陕西、安徽、江苏、浙江、江西、湖南、湖北、四川、重庆、贵州、云南、福建、台湾、广东、广西；日本、韩国。

凤丫蕨

疏网凤丫蕨

***Coniogramme wilsonii* Hieron.**

河南、陕西、甘肃、江苏、浙江、湖南、湖北、四川、重庆、贵州、广西。

疏网凤丫蕨

井冈山凤丫蕨

***Coniogramme jinggangshanensis* Ching & K. H. Shing**（野外未见）

浙江、江西、湖南、贵州、福建。

黑轴凤丫蕨

Coniogramme robusta (Christ) Christ

新黑轴凤丫蕨 *Coniogramme neorobusta* Ching & K. H. Shing

假黑轴凤丫蕨 *Coniogramme pseudorobusta* Ching & K. H. Shing

江西、湖南、湖北、四川、重庆、贵州、云南、广东、广西。

黑轴凤丫蕨

黄轴凤丫蕨

Coniogramme robusta var. _rependula_ Ching et K. H. Shing

江西、湖南、湖北、贵州。

黄轴凤丫蕨

乳头凤丫蕨
Coniogramme rosthornii Hieron.
太白山凤丫蕨 *Coniogramme taipaishanensis* Ching & Y. T. Hsieh

河南、陕西、甘肃、湖南、湖北、四川、重庆、贵州、云南；越南。

乳头凤丫蕨

尖齿凤丫蕨
Coniogramme affinis (C. Presl) Hieron.（野外未见）
锐齿凤丫蕨 *Coniogramme argutiserrata* Ching et K. H. Shing

黑龙江、吉林、辽宁、河南、陕西、甘肃、湖南、四川、重庆、贵州、云南、西藏；缅甸、尼泊尔、印度。

普通凤丫蕨
Coniogramme intermedia Hieron.
阔带凤丫蕨 *Coniogramme maxima* Ching et K. H. Shing

黑龙江、吉林、辽宁、河北、北京、河南、陕西、宁夏、甘肃、安徽、浙江、江西、湖南、湖北、四川、重庆、贵州、云南、西藏、福建、台湾、广东、广西、海南；日本、韩国、越南、不丹、尼泊尔、印度、巴基斯坦、俄罗斯。

普通凤丫蕨

无毛凤丫蕨

Coniogramme intermedia var. *glabra* Ching

贵州凤丫蕨 *Coniogramme guizhouensis* Ching & K. H. Shing

黑龙江、吉林、辽宁、河北、河南、陕西、宁夏、甘肃、浙江、湖南、湖北、四川、重庆、贵州、云南、西藏、福建、台湾；日本、韩国、越南、不丹、尼泊尔、印度、巴基斯坦、俄罗斯。

无毛凤丫蕨

峨眉凤丫蕨

Coniogramme emeiensis Ching & K. H. Shing

峨眉凤丫蕨圆基变种 *Coniogramme emeiensis* var. *lancipinna* Ching & K. H. Shing

柳羽凤丫蕨 *Coniogramme emeiensis* var. *salicifolia* Ching et K. H. Shing

Coniogramme longissima Ching & H. S. Kung

河南、安徽、江苏、浙江、江西、湖南、湖北、四川、重庆、贵州、云南、福建、广东、广西。

峨眉凤丫蕨

镰羽凤丫蕨
Coniogramme falcipinna Ching & K. H. Shing

四川凤丫蕨 *Coniogramme sichuanensis* H. S. Kung

浙江、四川、重庆、贵州。

镰羽凤丫蕨

紫柄凤丫蕨
Coniogramme sinensis Ching

河南、陕西、甘肃、浙江、湖南、四川、重庆。

紫柄凤丫蕨

上毛凤丫蕨
Coniogramme suprapilosa Ching

陕西、湖北、重庆、云南。

上毛凤丫蕨

尾尖凤丫蕨
Coniogramme caudiformis Ching & K. H. Shing

浙江、湖南、四川、重庆、云南。

尾尖凤丫蕨

凤尾蕨亚科 Subfamily Pteridoideae

金粉蕨属 *Onychium*

原属秦仁昌系统中的中国蕨科成员，在该地区有叶柄禾秆色的野雉尾金粉蕨（*Onychium japonicum*）、叶柄栗褐色的栗柄金粉蕨（*O. lucidum*）和叶柄基部栗黑色的黑足金粉蕨（*O. cryptogrammoides*）3 种。其中栗柄金粉蕨过去被认为是野雉尾金粉蕨的变种，现分子生物学证据显示该种为独立物种。

1. 叶片通常广卵形或椭圆形，末回裂片不集群（紧密），叶柄基部黑色 ………………………………………………………………………… 黑足金粉蕨 *O. cryptogrammoides*
1. 叶片卵状三角形至卵状披针形；末回裂片集群（紧密），有时覆瓦状；叶柄基部棕色或禾秆色。
2. 叶柄基部以上禾秆色，有时基部棕色至暗棕色 ………野雉尾金粉蕨 *O. japonicum*
2. 叶柄基部以上棕色至暗棕色，至少背面如此，有时深色延伸至叶轴 ………………………………………………………………………… 栗柄金粉蕨 *O. lucidum*

黑足金粉蕨
***Onychium contiguum* Christ**

甘肃、四川、重庆、贵州、云南、西藏、台湾、广西；越南、老挝、缅甸、泰国、柬埔寨、不丹、尼泊尔、印度。

黑足金粉蕨

野雉尾金粉蕨
***Onychium japonicum* (Thunb.) Kunze**

安徽、重庆、福建、甘肃南部、广东、广西、贵州、河北、河南、湖北、湖南、江苏、江西、陕西、山东、上海、四川、台湾、香港、云南、浙江；日本、韩国、菲律宾、越南、缅甸、泰国、印度尼西亚、不丹、尼泊尔、印度、巴基斯坦；太平洋岛屿、大洋洲。

野雉尾金粉蕨

栗柄金粉蕨

栗柄金粉蕨
***Onychium lucidum* (D. Don) Spreng.**

栗柄金粉蕨 *Onychium japonicum* var. *lucidum* (D. Don) Christ

陕西、甘肃、浙江、江西、湖南、湖北、四川、重庆、贵州、云南、西藏、福建、广东、广西；越南、缅甸、不丹、尼泊尔、印度、巴基斯坦。

凤尾蕨属 *Pteris*

是武陵山区蕨类植物中的大属，由于喀斯特地貌广泛发育，凤尾蕨属植物种类丰富，记载了25种，大部分常见种类的具体形态差异前人已有较多讨论，不再赘述。湖南凤尾蕨（*Pteris hunanensis*）是记载在湖南石门、永顺产的一特有种，叶一型，与广东凤尾蕨近似，《Flora of China》处理为存疑种，作者在湖南武陵源区大峡谷采集到一新的居群，并检查了相关物种的模式标本，认为该种与广东凤尾蕨无显著区别，应归并于广东凤尾蕨。石门凤尾蕨（*P. shimenensis* C. M. Zhang）是原产湖南石门的一特有种，形态近似台湾凤尾蕨（*P. taiwanensis*），认为裂片主脉两侧各有一行不规则多边形网眼，叶干后纸质，两面无毛;《Flora of China》处理为存疑种，作者在湖南保靖白云山等地采集到该标本，确实该标本的裂片主脉有不规则网眼，但叶脉疏被毛。该种的分类地位需要进一步澄清。井栏边草（*P. mutifida*）广泛分布中国热带、亚热带地区，但该种在中国形态变化较大，在华南地区植株相对瘦弱，叶轴上部两侧的狭翅全缘；在南岭山地及以北的华中地区，叶轴上部两侧的狭翅具锯齿；在武陵山区，除了有锯齿外，该地的井栏边草植株形体较为高大，羽片较宽阔，叶轴上部两侧的狭翅具明显的粗锯齿。微毛凤尾蕨（*P. hirsutissima*）是近年来在武陵山区新发现的蕨类，形似傅氏凤尾蕨，但植株形体高大，裂片主脉上侧刺突且明显，主脉疏被刚毛，喜生长在石灰岩地区阴湿林下。

1. 叶脉沿中脉两侧多少网结，叶片三叉至鸟足状 ………… 西南凤尾蕨 *P. wallichiana*
1. 叶脉分离，叶片非鸟足状。
  2. 叶一型；羽片或小羽片篦齿状分裂或至少一侧分裂，基部1（或更多）对羽片近基部下侧通常具1~3（或4）小羽片；裂片无软骨质边缘，全缘或罕有锯齿；中肋近轴面上的纵沟具刺或啮蚀状的边。
    3. 侧生羽片两侧不对称，裂片缩短或较少，有时上侧几缺失。
      4. 叶柄禾秆色或深禾秆色，主脉沿纵沟具细齿状突起或短刺 …………………………………………………………………………… 中华凤尾蕨 *P. inaequalis*
      4. 叶柄栗红色或深栗色，沿近轴面沟槽的脊上具啮蚀状突起。
        5. 裂片远离，几全生于下侧，上侧全缘或具几个缩短的裂片，基部明显下延；不育叶叶脉延伸至短尖头的齿牙基部…………………… 半边旗 *P. semipinnata*
        5. 裂片接近，生于两侧，上侧裂片仅略短于下侧的裂片，基部不明显下延；不育叶叶脉延伸至长渐尖头的齿牙内……………………… 刺齿半边旗 *P. dispar*
    3. 侧生羽片（至少不育叶的）两侧对称等宽。
      6. 基部的羽片至其上的羽片同形，下侧不分枝（或偶有一个分枝）；不育裂片边缘锯齿状 ……………………………………………… 溪边凤尾蕨 *P. terminalis*
      6. 基部羽片近基部下侧具1或更多分枝。
        7. 羽片背面具短柔毛………………………………… 微毛凤尾蕨 *P. hirsutissima*
        7. 羽片背面无毛。
          8. 侧生羽片斜上。
            9. 侧生羽片中部最宽 ……………………………………… 傅氏凤尾蕨 *P. fauriei*
            9. 侧生羽片基部最宽（三角形）或长圆形 ………… 斜羽凤尾蕨 *P. oshimensis*

10. 基部的侧生羽片 (8~)11~14(~17)cm，具短的急尾头 1~2cm ……………………………………………… 斜羽凤尾蕨（原变种）var. *oshimensis*

10. 基部的侧生羽片 14~25cm，具长的尾头 (3~)4~9cm……………………………………………… 尾头凤尾蕨 var. *paraemeiensis*

8. 侧生羽片平展或斜上……………………………平羽凤尾蕨 P. *kiuschiuensis*

11. 侧生羽片平展呈 90°，1.8~2.5(~2.8)cm 宽 ……………………………………………… 平羽凤尾蕨（原变种）var. *kiuschiuensis*

11. 侧生羽片通常斜展，可达 3.7cm 宽……… 华中凤尾蕨 var. *centrochinensis*

2. 叶通常二型或二型；羽片或小羽片具软骨质边缘，基部 1（或更多）对羽片近基部有时分叉，但从不为篦齿状分裂；不育边缘通常具尖锯齿，罕全缘；中肋无刺，沟槽非啮蚀状。

12. 叶片单一，指状，或鸟足状，羽片簇生于叶柄顶端，无主叶轴。

13. 叶指状或近指状，5~7(~9) 枚羽片簇生于叶柄先端，无叶轴。

14. 成熟叶一型或近一型。

15. 叶柄栗色，有时边缘略禾秆色；不育羽片边缘具粗而急尖头的锯齿 ………………………………………………………………栗柄凤尾蕨 *P. plumbea*

15. 叶柄禾秆色，基部棕色；不育羽片边缘细的锯齿状。

16. 根茎长横走或横卧；株 15~40cm 高；叶柄 15~30cm ；羽片 5~7，指状………………………………………………………………指叶凤尾蕨 *P. dactylina*

16. 根茎直立或斜升；株 5~15cm 高；侧生羽片通常 1 对，二或三 (或四) 分叉成线状披针形小羽片…………………………… 鸡爪凤尾蕨 *P. gallinopes*

14. 成熟叶明显二型 ……………………………………………欧洲凤尾蕨 *P. cretica*

17. 叶柄禾秆色，表面光滑；不育羽片边缘平直和笔直；株通常生于钙质基质 ……………………………………… 欧洲凤尾蕨（原变种）var. *cretica*

17. 叶柄通常棕色，表面粗糙；不育羽片边缘波状起伏；植株生于较为酸性的基质 ……………………………………………………………粗糙凤尾蕨 var. *laeta*

13. 叶单一或具 2 或 3 枚小羽片。

18. 羽片宽披针形或侧生 1 对近卵形，1~2cm 宽 ………… 岩凤尾蕨 *P. deltodon*

18. 羽片线形，0.3~0.8cm 宽……………………………指叶凤尾蕨 *P. dactylina*

12. 叶一 (或二) 回羽状，侧生羽片 2 对或更多，有时分叉。

19. 侧生羽片不分叉（基底的能育羽片偶尔下侧具单一的小羽片）。

20. 侧生羽片通常 30~40 对，向基部渐缩短…………………… 蜈蚣草 *P. vittata*

20. 侧生羽片少于 16 对，向基部不渐缩短。

21. 不育羽片边缘全缘，有时波状起伏 ……………………全缘凤尾蕨 *P. insignis*

21. 不育羽片边缘齿状或锯齿状。

22. 不育羽片卵形或长圆状披针形，边缘具粗和急尖头齿牙………………………………………………………………………… 岩凤尾蕨 *P. deltodon*

22. 不育羽片狭线形或线状披针形至披针形，边缘细齿状或锯齿状。

23. 不育羽片狭线形，通常 2~4mm 宽 ………………… 狭叶凤尾蕨 *P. henryi*

23. 不育羽片披针形，10~20mm 宽。

24. 中部不育羽片 4~6cm× 约 1cm……………… 剑叶凤尾蕨 *P. ensiformis*

24. 中部不育羽片 10~18cm×1~2cm……………………欧洲凤尾蕨 *P. cretica*

19. 侧生羽片分叉或下侧分枝。
 25. 侧生羽片通常具 1~3 下侧分枝，基部 1 对（或基部的几对）通常具 2 或 3 分枝或近羽状。
  26. 侧生羽片分叉；不育叶的末回小羽片线形，长渐尖头。
   27. 叶柄和叶轴淡禾秆色，平滑或有时粗糙……………… 狭叶凤尾蕨 *P. henryi*
   27. 叶柄和叶轴栗棕色，粗糙，有时平滑………猪鬃凤尾蕨 *P. actiniopteroides*
  26. 侧生羽片（尤其不育叶）近羽状；不育叶小羽片或裂片宽披针形或长圆形，钝头，或线状披针形，渐尖头。
   28. 顶端羽片基部沿叶轴下延形成狭翅；不育小羽片线状披针形，渐尖头…………………………………………………………………… 井栏边草 *P. multifida*
   28. 顶端羽片沿叶轴不下延；不育小羽片宽披针形或长圆形，钝头，有时急尖头………………………………………………………… 剑叶凤尾蕨 *P. ensiformis*
 25. 基部羽片具 1 或 2 下侧分枝，偶尔第 2~3 对具下侧分枝（罕至第 5 对）。
  29. 叶片具 2 对侧生羽片。
   30. 不育羽片 2~4(~8)mm 宽，边缘具狭，急尖头锯齿。
    31. 叶柄和叶轴略禾秆色 …………………………………… 狭叶凤尾蕨 *P. henryi*
    31. 叶柄和叶轴栗棕色 …………………………猪鬃凤尾蕨 *P. actiniopteroides*
   30. 不育羽片 10~20mm 宽。
    32. 叶柄和叶轴栗色，中脉近基部棕色 ………………栗柄凤尾蕨 *P. plumbea*
    32. 叶柄至叶片的基部禾秆色，中脉的基部背面略棕禾秆色或禾秆色……………………………………………………………… 广东凤尾蕨 *P. guangdongensis*
  29. 叶具愈 3 对侧生羽片，罕仅 3 对。
   34. 羽片边缘全缘…………………………………………全缘凤尾蕨 *P. insignis*
   34. 羽片边缘锯齿状。
    35. 顶端 2~3 对或更多侧生羽片的基部长下延，沿叶轴两侧形成狭翅……………………………………………………………………… 井栏边草 *P. multifida*
    35. 顶端羽片三分叉或有时相邻的 1 对侧生羽片多少下延，罕不下延。
     36. 叶单 时近二型。
      37. 叶柄和叶轴淡禾秆色 ……………………………… 狭叶凤尾蕨 *P. henryi*
      37. 叶柄和叶轴栗棕色 ……………………猪鬃凤尾蕨 *P. actiniopteroides*
     36. 叶显著二型。
      38. 叶片草质 ……………………………………… 剑叶凤尾蕨 *P. ensiformis*
      38. 叶纸质至略革质。
       39. 株 50~70cm；不育羽片狭披针形或披针形，1~2cm 宽，干后纸质；叶柄光滑 ………………………………………欧洲凤尾蕨 *P. cretica*
       39. 株可达 1.5m；不育羽片披针形至长圆状披针形，2~5cm 宽，干后略革质；叶柄有时上部具疣状刺突 ………阔叶凤尾蕨 *P. esquirolii*

西南凤尾蕨
Pteris wallichiana J. Agardh

江西、湖南、湖北、四川、重庆、贵州、云南、西藏、台湾、广东、广西、海南；日本、菲律宾、越南、老挝、泰国、马来西亚、印度尼西亚、不丹、尼泊尔、印度。

西南凤尾蕨

中华凤尾蕨
Pteris inaequalis Baker

变异凤尾蕨 *Pteris excelsa* var. *inaequalis* (Baker) S. H. Wu

Pteris sinensis Ching

浙江、江西、四川、重庆、贵州、云南、福建、广东、广西；日本、印度。

半边旗
Pteris semipinnata L.

河南、上海、浙江、江西、湖南、湖北、四川、重庆、贵州、云南、福建、台湾、广东、广西、海南、香港、澳门；日本、菲律宾、越南、老挝、缅甸、泰国、马来西亚、印度尼西亚、不丹、尼泊尔、印度、斯里兰卡。

中华凤尾蕨

半边旗

刺齿半边旗（刺齿凤尾蕨）
***Pteris dispar* Kunze**

山东、河南、安徽、江苏、上海、浙江、江西、湖南、湖北、四川、重庆、贵州、福建、台湾、广东、广西、香港、澳门；日本、韩国、菲律宾、越南、泰国、马来西亚。

刺齿半边旗　　　　溪边凤尾蕨

溪边凤尾蕨
***Pteris terminalis* Wall. ex J. Agardh**

甘肃、浙江、江西、湖南、湖北、四川、重庆、贵州、云南、西藏、台湾、广东、广西；日本、韩国、菲律宾、越南、老挝、马来西亚、尼泊尔、印度、巴基斯坦；太平洋岛屿。

微毛凤尾蕨
***Pteris hirsutissima* Ching**

湖南、四川。

微毛凤尾蕨

傅氏凤尾蕨
***Pteris fauriei* Hieron.**

安徽、浙江、江西、湖南、四川、重庆、贵州、云南、西藏、福建、台湾、广东、广西、海南、澳门；日本、越南。

傅氏凤尾蕨

斜羽凤尾蕨
***Pteris oshimensis* Hieron.**

浙江、江西、湖南、四川、重庆、贵州、福建、广东、广西；日本、越南。

尾头凤尾蕨
***Pteris oshimensis* var. *paraemeiensis* Ching**

湖南、四川、重庆、广西。

斜羽凤尾蕨

尾头凤尾蕨

平羽凤尾蕨
Pteris kiuschiuensis Hieron.

江西、湖南、四川、重庆、贵州、云南、福建、广东、广西、海南；日本。

平羽凤尾蕨

华中凤尾蕨
Pteris kiuschiuensis var. _centrochinensis_ Ching et S. H. Wu

江西、湖南、四川、重庆、贵州、云南、福建、广东、广西。

栗柄凤尾蕨
Pteris plumbea Christ

江苏、浙江、江西、湖南、贵州、福建、台湾、广东、广西、香港；日本、菲律宾、越南、泰国、柬埔寨、印度。

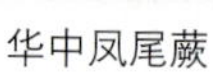

华中凤尾蕨

栗柄凤尾蕨

指叶凤尾蕨（掌叶凤尾蕨）
***Pteris dactylina* Hook.**

湖南、四川、重庆、贵州、云南、西藏、台湾；不丹、尼泊尔、印度。

指叶凤尾蕨

鸡爪凤尾蕨
***Pteris gallinopes* Ching**

湖南、湖北、四川、重庆、贵州、云南、广西。

鸡爪凤尾蕨

欧洲凤尾蕨
***Pteris cretica* L.**

凤尾蕨 *Pteris cretica* var. *nervosa* (Thunberg) Ching & S. H. Wu

山西、河南、甘肃、安徽、浙江、江西、湖南、湖北、四川、重庆、贵州、云南、西藏、福建、台湾、广东、广西；日本、菲律宾、越南、老挝、泰国、柬埔寨、不丹、尼泊尔、印度、斯里兰卡；太平洋岛屿、亚洲、欧洲、非洲。

欧洲凤尾蕨

粗糙凤尾蕨
***Pteris cretica* var. *laeta* (Wall. ex Ettingsh.) C. Chr. et Tardieu（野外未见）**

江西、湖南、湖北、四川、重庆、贵州、云南、西藏、福建、广东、广西；越南、柬埔寨、不丹、尼泊尔、印度、斯里兰卡。

岩凤尾蕨
***Pteris deltodon* Baker**

浙江、湖南、湖北、四川、重庆、贵州、云南、台湾、广东、广西；日本、越南、老挝。

岩凤尾蕨

蜈蚣草
***Pteris vittata* L.**

河南、陕西、甘肃、安徽、江苏、上海、浙江、江西、湖南、湖北、四川、重庆、贵州、云南、西藏、福建、台湾、广东、广西、海南、香港、澳门；广布于旧世界热带和亚热带。

蜈蚣草

全缘凤尾蕨
Pteris insignis **Mett. ex Kuhn**

浙江、江西、湖南、四川、贵州、云南、福建、广东、广西、海南、香港；越南、马来西亚。

全缘凤尾蕨

狭叶凤尾蕨
Pteris henryi **Christ**

河南、陕西、甘肃、湖南、四川、重庆、贵州、云南、广西。

剑叶凤尾蕨
Pteris ensiformis **Burm. f.**

浙江、江西、湖南、四川、重庆、贵州、云南、福建、台湾、广东、广西、海南、香港、澳门；日本、越南、老挝、缅甸、泰国、柬埔寨、马来西亚、不丹、尼泊尔、印度、斯里兰卡、澳大利亚以及太平洋岛屿。

狭叶凤尾蕨

剑叶凤尾蕨

猪鬃凤尾蕨
***Pteris actiniopteroides* Christ**

河南、陕西、甘肃、湖北、四川、重庆、贵州、云南、广西。

猪鬃凤尾蕨

井栏边草
***Pteris multifida* Poir.**

河北、天津、山东、河南、陕西、甘肃、安徽、江苏、上海、浙江、江西、湖南、湖北、四川、重庆、贵州、福建、台湾、广东、广西、海南、香港、澳门；日本、韩国、菲律宾、越南、泰国。

广东凤尾蕨
***Pteris guangdongensis* Ching**

湖南凤尾蕨 *Pteris hunanensis* C. M. Zhang

湖南、广东、广西。

井栏边草

广东凤尾蕨

阔叶凤尾蕨
Pteris esquirolii Christ

甘肃、湖南、四川、重庆、贵州、云南、福建、广东、广西；越南。

阔叶凤尾蕨

书带蕨亚科 Subfamily Vittarioideae

铁线蕨属 *Adiantum*

原属秦仁昌系统的铁线蕨科成员，因其叶柄细如铁丝而得名，在该地区种类丰富，武陵山区产 12 种，野外调查到 11 种。小铁线蕨（*Adiantum mariesii*）模式产地湖北巴东，以武陵山区为分布中心的特有物种，形体微小，形态独特，分子系统学显示该物种为近缘于白垩铁线蕨的单系类群（Wang AH et al.，2017）；灰背铁线蕨（*A. myriosorum*）形似掌叶铁线蕨（*A. pedatum*），在武陵山区北部石灰岩滴水石缝中偶见分布，2~3 掌状复叶，叶背灰白色，形体较其他地区的标本小；荷叶铁线蕨（*A. nelumboides*）为武陵山区西北部邻近的长江三峡地区丹霞土或紫色土石缝中分布的特有植物，单叶，形态独特，为国家一级重点保护野生植物。该地区原记载的湖南铁线蕨（*A. erythrochlams* var. *hunanense*）为肾盖铁线蕨（*A. erythrochlamys*）在山顶石灰岩缝生境中的特化类型，应归并于原变种中；原记载的缙云铁线蕨（*A. lingii*）模式产地为重庆北碚缙云山（林黎元 1502，192707，PE!），《中国植物志》（1990）认为该种为栽培种 *A. cunealum* 未予以承认，《Flora of China》作为存疑种暂并于铁线蕨（*A. capillus-veneris*）中但认为有一定区别。作者检查了保存在 PE 标本馆中的模式标本，结合作者在武陵山区湖南桑植中里大峡谷采集的标本，认为该种和铁线蕨有一定的区别，有待进一步理清。

1. 每叶具 1 单一的近圆形或圆状肾形的小羽片 ………… 荷叶铁线蕨 *A. nelumboides*
1. 每叶具几枚至较多的小羽片。
  2. 叶片 1~3 掌状或二歧分枝。
    3. 叶片二或三回二歧或近二歧分枝，主分枝每侧具一回羽状的羽片 ……………………………………………………………… 扇叶铁线蕨 *A. flabellulatum*
    3. 叶片鸟足状分枝，每分枝具 2~6(或 8) 枝一回羽状的羽片 ……………………………………………………………… 灰背铁线蕨 *A. myriosorum*
  2. 叶片一至四回羽状。
    4. 叶片一回羽状，披针形或线状披针形。

5. 小羽片全缘，柄先端多少具关节，小羽片干后易落。
 6. 株小，横走，1.5~3cm 高，叶片具 3~5 小的圆形小羽片；囊群盖圆形，上缘截头，每羽片 1 枚……………………………………………小铁线蕨 *A. mariesii*
 6. 株直立，约 3cm 高，叶片通常具 5~7 或更多扇形的小羽片；囊群盖肾形或伸长，上缘微凹或截头，每羽片 1 至多枚。
  7. 株软而弱；叶片狭扇形，质薄，叶柄细如发丝，为羽片长的 1/3~1/2………………………………………………………………粤铁线蕨 *A. lianxianense*
  7. 株强壮；叶片宽的扇形，叶柄粗壮，小于羽片长的 1/5 ……………………………………………………………………………白垩铁线蕨 *A. gravesii*
5. 小羽片多少分裂，羽柄不具关节，小羽片干后宿存。
 8. 叶柄，叶轴和叶片两面具多细胞的棕色粗毛……假鞭叶铁线蕨 *A. malesianum*
 8. 叶柄，叶轴和叶片两面光滑或偶尔具 1 或 2 刚毛… 普通铁线蕨 *A. edgeworthii*
4. 叶片二至四回羽状。
9. 小羽片上部边缘具密的精细锐齿至啮蚀状锯齿 ……… 铁线蕨 *A. capillus-veneris*
9. 小羽片上部边缘全缘、具钝圆齿或波状圆锯齿状。
 10. 小羽片上缘波状至圆锯齿状；囊群大多每小羽片 1 枚 …………………………………………………………………………肾盖铁线蕨 *A. erythrochlamys*
 10. 小羽片上缘全缘；囊群每小羽片 2~4 枚。
  11. 小羽片 8~14mm 宽 ……………………………………月芽铁线蕨 *A. refractum*
  11. 小羽片 4~7mm 宽……………………………………陇南铁线蕨 *A. roborowskii*

荷叶铁线蕨
Adiantum nelumboides X. C. Zhang

湖北、四川、重庆。

荷叶铁线蕨

扇叶铁线蕨
***Adiantum flabellulatum* L.**

安徽、浙江、江西、湖南、湖北、四川、重庆、贵州、云南、福建、台湾、广东、广西、海南、香港、澳门；日本、菲律宾、越南、缅甸、泰国、马来西亚、印度尼西亚、印度、斯里兰卡。

灰背铁线蕨
***Adiantum myriosorum* Baker**

河南、陕西、甘肃、安徽、浙江、湖南、湖北、四川、重庆、贵州、云南、西藏、台湾；缅甸、不丹、尼泊尔、印度。

扇叶铁线蕨　　灰背铁线蕨

小铁线蕨
***Adiantum mariesii* Baker**

湖南、湖北、四川、重庆、贵州、广西。

小铁线蕨

粤铁线蕨
Adiantum lianxianense Ching & Y. X. Lin

湖南、贵州、广东。

粤铁线蕨

白垩铁线蕨
Adiantum gravesii Hance

浙江、湖南、湖北、四川、贵州、云南、广东、广西；越南。

白垩铁线蕨

假鞭叶铁线蕨
Adiantum malesianum J. Ghatak

江西、湖南、湖北、四川、重庆、贵州、云南、台湾、广东、广西、海南、香港、澳门；菲律宾、越南、缅甸、泰国、马来西亚、印度尼西亚、印度、斯里兰卡以及太平洋岛屿。

假鞭叶铁线蕨

普通铁线蕨
Adiantum edgeworthii Hook.

辽宁、河北、天津、北京、山东、河南、陕西、甘肃、四川、重庆、贵州、云南、西藏、台湾、广西；日本、菲律宾、越南、缅甸、泰国、马来西亚、不丹、尼泊尔、印度。

普通铁线蕨

铁线蕨
Adiantum capillus-veneris L.

条裂铁线蕨 *Adiantum capillus-veneris* f. *dissectum* (M. Martens et Galeotti) Ching

河北、天津、北京、山西、河南、陕西、甘肃、新疆、安徽、江苏、浙江、江西、湖南、湖北、四川、重庆、贵州、云南、西藏、福建、台湾、广东、广西、海南、香港、澳门；亚洲、欧洲、非洲、美洲、大洋洲。

铁线蕨

肾盖铁线蕨
Adiantum erythrochlamys Diels

湖南铁线蕨 *Adiantum erythrochlamys* var. *hunanense* C. M. Zhang

河南、陕西、甘肃、湖南、湖北、四川、重庆、贵州、云南、西藏、台湾。

肾盖铁线蕨

月芽铁线蕨
Adiantum refractum Christ

Adiantum edentulum Christ

蜀铁线蕨 *Adiantum edentulum* f. *refractum* (Christ) Y. X. Lin

陕西、浙江、湖南、湖北、四川、重庆、贵州、云南、西藏。

月芽铁线蕨

陇南铁线蕨
Adiantum roborowskii Maxim.（野外未见）

陕西、甘肃、青海、湖北、四川、重庆、贵州、西藏、台湾。

书带蕨属 *Haplopteris*

原属秦仁昌系统中的书带蕨科书带蕨属，在该地区现有 2 种，平肋书带蕨（*H. fudzinoi*）和书带蕨（*H. flexuosa*）；原记载的小叶书带蕨（*Vittaria modesta*）和细叶书带蕨（*V. filipes*）已归并处理为书带蕨的异名。

1. 叶片（0.5~）2~4（~11）mm 宽………………………………………书带蕨 *H. flexuosa*
1. 叶片 5~10mm 宽或更宽 ………………………………………………平肋书带蕨 *H. fudzinoi*

书带蕨

***Haplopteris flexuosa* (Fée) E. H. Crane**

Vittaria flexuosa Fée

细叶书带蕨 *Vittaria filipes* Christ

小叶书带蕨 *Vittaria modesta* Hand.-Mazz.

甘肃、安徽、江苏、浙江、江西、湖南、湖北、四川、重庆、贵州、云南、西藏、福建、台湾、广东、广西、海南、香港；日本、韩国、越南、老挝、缅甸、泰国、柬埔寨、不丹、尼泊尔、印度。

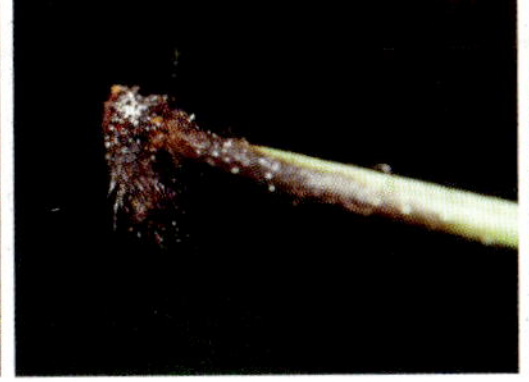

书带蕨

平肋书带蕨

***Haplopteris fudzinoi* (Makino) E. H. Crane**

Vittaria fudzinoi Makino

安徽、浙江、江西、湖南、湖北、四川、重庆、贵州、云南、福建、广东、广西；日本。

平肋书带蕨

车前蕨属 *Antrophyum*

原属秦仁昌系统中车前蕨科成员，在该地区有 2 种，长柄车前蕨 (*Antrophyum obovatum*) 和书带车前蕨 (*A. vittarioides*)。其中书带车前蕨为近年来湖南新纪录植物，产湖南石门壶瓶山 (科考队 v063，科考队 v074 ，HUST ！)，原记载分布于贵州、云南和越南。

1. 隔丝大头棒 (球杆) 形，头状；叶片 2~8cm 宽，倒卵形，等长于叶柄……………………………………………………………………………… 长柄车前蕨 *A. obovatum*
1. 隔丝纤维状；叶片线形，0.7~1cm 宽；囊群在叶片两侧近边缘通常各呈单行……………………………………………………………………………… 书带车前蕨 *A. vittarioides*

长柄车前蕨
Antrophyum obovatum Baker

江西、湖南、四川、重庆、贵州、云南、西藏、福建、台湾、广东、广西；日本、越南、缅甸、泰国、不丹、尼泊尔、印度。

长柄车前蕨

书带车前蕨
Antrophyum vittarioides Baker

湖南、贵州、云南；越南。

书带车前蕨

碎米蕨亚科 Subfamily Cheilanthoideae

碎米蕨属 *Cheilanthes*

在中国包括众多复杂的成员，如原秦仁昌系统中中国蕨科的碎米蕨属、旱蕨属（*Pellaea*）和隐囊蕨属（*Notholaena*）的全部或部分种类。虽然种类不多，但由于喀斯特地貌广泛发育，分布有多个有特色的地区物种，如羽片两面密被柔毛的中华隐囊蕨（*Cheilanthes chinensis*）、羽轴呈“之”字形弯曲的平羽碎米蕨（*C. patula*），均为武陵山区及邻近地区特有植物，形态极为特别，对研究该地区的物种起源和演化具有重要意义。

1. 叶片边缘不或仅略反折，无分化的假囊群盖；叶片背面密被黄色至棕色长毛 …………………………………………………………………… 中华隐囊蕨 *C. chinensis*
1. 叶片边缘强度反折和变质形成干膜质的假囊群盖；叶片背面通常光滑无毛。
  2. 叶片厚纸质至革质，粗分裂，通常先端尾状；假囊群盖连续。
    3. 叶柄基部以上疏被鳞片，但被密短毛；叶片和羽片钝头或短尾头，尾状部分长小于 1cm；小羽片（裂片）接近 …………………………………… 旱蕨 *C. nitidula*
    3. 叶柄全部被适量至密的鳞片，也被短毛；叶片和羽片长尾头，尾状部分长约 2cm；小羽片（裂片）间隔宽 ………………………………… 滇西旱蕨 *C. brausei*
  2. 叶草质至近纸质，细分裂，先端羽状分裂，渐尖；假囊群盖通常间断。
    4. 叶片卵状五角形或细长三角形，三回羽状；基部 1 对羽片大于相邻的羽片和基部的下侧的小羽片显著增大 ……………………………… 平羽碎米蕨 *C. patula*
    4. 叶片披针形，二回羽状或三回羽状分裂；基部 1 对羽片不大于相邻的羽片；基部下侧的小羽片不显著增大 ……………………………… 毛轴碎米蕨 *C. chusana*

中华隐囊蕨
***Cheilanthes chinensis* (Baker) Domin**

Notholaena chinensis Baker

湖南、湖北、四川、重庆、贵州、广西。

中华隐囊蕨

旱蕨
***Cheilanthes nitidula* Wall. ex Hook.**

Pellaea nitidula (Wall. ex Hook.) Baker

河南、甘肃、浙江、江西、湖南、湖北、四川、重庆、贵州、云南、西藏、福建、台湾、广东、广西；日本、越南、不丹、尼泊尔、印度、巴基斯坦。

滇西旱蕨
***Cheilanthes brausei* Fraser-Jenk.**

Pellaea mairei Brause

陕西、湖南、四川、重庆、贵州、云南。

旱蕨

滇西旱蕨

平羽碎米蕨
***Cheilanthes patula* Baker**

Cheilosoria patula (Baker) P. S. Wang

宜昌旱蕨 *Pellaea patula* (Baker) Ching

湖南、湖北、四川、重庆、贵州、广西。

平羽碎米蕨

毛轴碎米蕨
Cheilanthes chusana **Hook.**

Cheilosoria chusana (Hook.) Ching

河南、陕西、甘肃、安徽、江苏、浙江、江西、湖南、湖北、四川、重庆、贵州、福建、台湾、广东、广西、香港；日本、菲律宾、越南。

毛轴碎米蕨

粉背蕨属 *Aleuritopteris*

粉背蕨（*Aleuritopteris anceps*）、银粉背蕨（*A. argentea*）等在当地较为常见。此外还有众多温带性物种如小叶中国蕨（*A. albofusca*）（假囊群盖宽阔）、陕西粉背蕨（*A. argentea* var. *obscura*）（叶背无白粉）等在武陵山区也有分布。原记载的裸叶粉背蕨（*A. duclouxii*）应为陕西粉背蕨的错误鉴定。

1. 叶（小）脉暗棕色至黑色，粗，背面显著隆起；囊群具 1(或 2) 大的具宽环带的孢子囊……………………………………………………………小叶中国蕨 *A. albofusca*

1. 叶（小）脉绿色，细，背面不或仅略隆起；囊群具 (1 或)2 至几个具狭环带的孢子囊。

 2. 叶片大多五角形，长宽近等；羽片分裂至羽状分裂或仅基部的 1~3 对羽片以无翅的叶轴分开……………………………………………………银粉背蕨 *A. argentea*

  3. 叶具白色或淡黄色粉末 ………………………… 银粉背蕨（原变种）var. *argentea*

  3. 叶背面光滑，无粉末 …………………………………… 陕西粉背蕨 var. *obscura*

 2. 叶片三角状卵形，长圆状披针形或长圆形；羽片通常 5~10 对或更多，彼此以无翅叶轴分开。

  4. 假囊群盖间断，具撕裂状边缘 ……………………………………… 粉背蕨 *A. anceps*

  4. 假囊群盖连续或有时间断（不规则），边缘全缘或波状 ⋯⋯ 阔盖粉背蕨 *A. grisea*

小叶中国蕨
***Aleuritopteris albofusca* (Baker) Pic. Serm.**

小叶中国蕨 *Sinopteris albofusca* (Baker) Ching

河北、北京、河南、陕西、甘肃、湖南、四川、重庆、贵州、云南、西藏。

银粉背蕨
***Aleuritopteris argentea* (S. G. Gmel.) Fée**

中国广布；蒙古、日本、韩国、不丹、尼泊尔、俄罗斯。

小叶中国蕨

银粉背蕨

陕西粉背蕨
***Aleuritopteris argentea* var. *obscura* (Christ) Ching**

裸叶粉背蕨 *Aleuritopteris duclouxii* auct. non (Christ) Ching

辽宁、河北、天津、北京、山西、山东、河南、陕西、甘肃、青海、江西、四川、重庆、贵州、云南。

陕西粉背蕨

粉背蕨（多鳞粉背蕨）

***Aleuritopteris anceps* (Blanf.) Panigrahi**

假粉背蕨 *Aleuritopteris pseudofarinosa* Ching & S. K. Wu

浙江、江西、湖南、四川、贵州、云南、福建、广东、广西、香港；不丹、尼泊尔、印度、巴基斯坦。

粉背蕨

阔盖粉背蕨

***Aleuritopteris grisea* (Blanf.) Panigrahi**（野外未见）

狭盖粉背蕨 *Aleuritopteris stenochlamys* Ching

河北、陕西、宁夏、甘肃、四川、重庆、贵州、云南、西藏、广西；泰国、不丹、尼泊尔、印度、巴基斯坦。

阔盖粉背蕨（照片拍自云南）

碗蕨科 Dennstaedtiaceae（6/19）

中型或大型草本，陆生，偶见攀缘。根状茎长而横走。无鳞片或具原始鳞片［仅岩穴蕨（*Monachosorum maximowiczii*）具真正的鳞片］，植株具刚毛或多睫状毛。叶片一至四回羽状，叶脉分离，偶见连接，不达叶边。孢子囊群边生或近边生，线形或圆形，顶生于小脉顶端，囊群盖线形、碗形或无。孢子囊具纵行环带。孢子四面体形，三沟，或肾形，单沟。

碗蕨科全世界 10 属约 265 种；世界广布，主产热带地区。中国产 7 属 59 种。武陵山区记载 6 属 19 种，野外调查到 19 种。

稀子蕨属 *Monachosorum*

原属秦仁昌系统的稀子蕨科（Monachosoraceae），是碗蕨科形态独特的一个类群，全株光滑无毛，一至三回羽状，叶柄基部被垢状鳞片，叶轴中部或顶端有芽孢，孢子囊群无盖，着生于裂片主脉中部。岩穴蕨原属于岩穴蕨属（*Ptilopteris*），一回羽状，叶轴顶端延长成鞭状，顶端着地生根，产湖南桑植八大公山及贵州梵净山山顶海拔 1500m 以上；尾叶稀子蕨（*M. flagellare*）二回羽状至三回羽状深裂，叶片顶端渐狭为长尾状，叶轴中部有芽孢；稀子蕨（*M. henryi*）植株通常较高大，三回羽状，叶片顶端渐尖头，不为长尾状。《武陵山维管植物检索表》记载的华中稀子蕨（*M. flagellaris* var. *nipponicum*）现并入尾叶稀子蕨。

1. 叶片羽状；叶轴细长……………………………………………… 岩穴蕨 *M. maximowiczii*
1. 叶片二或三回羽状。
  2. 叶片二回羽状；叶轴细长………………………………………尾叶稀子蕨 *M. flagellare*
  2. 叶片三回羽状；叶轴中部具 1 到几个大芽胞或有时羽片中肋也有芽胞，罕无芽胞……………………………………………………………………………… 稀子蕨 *M. henryi*

岩穴蕨
Monachosorum maximowiczii (Baker) Hayata

安徽、浙江、江西、湖南、湖北、四川、重庆、贵州、台湾；日本。

岩穴蕨

尾叶稀子蕨
***Monachosorum flagellare* (Maxim. ex Makino) Hayata**

华中稀子蕨 *Monachosorella flagellaris* var. *nipponicum* (Makino) Tagawa

浙江、江西、湖南、湖北、四川、重庆、贵州、云南、广西；日本。

尾叶稀子蕨

稀子蕨
***Monachosorum henryi* Christ**

江西、湖南、四川、重庆、贵州、云南、西藏、台湾、广东、广西；越南、缅甸、不丹、尼泊尔、印度。

稀子蕨

栗蕨属 *Histiopteris*

为泛热带产植物，在武陵山区很少见，仅在武陵山区南部湖南绥宁黄桑自然保护区有记录。该种在《中国植物志》中属于凤尾蕨科，现分子系统学证据显示为碗蕨科成员。植株大型，根状茎被多细胞毛或原始鳞片，叶片三回羽状，光滑无毛，孢子囊群线形，位于裂片边缘。

栗蕨
Histiopteris incisa (Thunb.) J. Sm.

浙江、江西、湖南、贵州、云南、西藏、福建、台湾、广东、广西、海南、香港；日本、不丹、印度、马达加斯加，泛热带地区、南极洲附近岛屿。

栗蕨

姬蕨属 *Hypolepis*

为泛热带分布植物，叶柄及羽轴被腺毛，孢子囊群无盖或具有叶边反卷的囊群盖。武陵山区产姬蕨（*Hypolepis punctata*）和无腺姬蕨（*H. polypodioides*）两种，均为三回羽状复叶，前者叶轴及羽轴被头状腺毛，后者不具头状腺毛。

1. 叶片无腺毛……………………………………………………… 无腺姬蕨 *H. polypodioides*
1. 叶片被腺毛………………………………………………………………… 姬蕨 *H. punctata*

无腺姬蕨
Hypolepis polypodioides (Blume) Hook.

湖南、云南、台湾、广东、海南；菲律宾、越南、老挝、缅甸、泰国、柬埔寨、马来西亚、印度尼西亚、不丹、尼泊尔、印度、孟加拉国、克什米尔以及太平洋岛屿。

无腺姬蕨

姬蕨
***Hypolepis punctata* (Thunb.) Mett.**

安徽、江苏、上海、浙江、江西、湖南、湖北、四川、重庆、贵州、云南、西藏、福建、台湾、广东、广西、海南、香港；日本、韩国、菲律宾、越南、老挝、柬埔寨、马来西亚、斯里兰卡、澳大利亚以及热带美洲。

姬蕨

蕨属 *Pteridium*

为世界广布类群，武陵山区产两种，蕨（*Pteridium aquilianum* var. *latiusculum*）和毛轴蕨（*P. revolotum*）。二者形态相似，前者植株柔弱，叶背疏被柔毛，各回羽轴上面沟内无毛；后者植株粗壮，叶背密被柔毛，各回羽轴上面沟内有毛。

1. 叶轴和中肋的近轴面沟槽内光滑 ························ 蕨 *P. aquilinum* var. *latiusculum*
1. 叶轴和中肋的近轴面沟槽内具密毛 ································· 毛轴蕨 *P. revolutum*

蕨
***Pteridium aquilinum* (L.) Kuhn var. *latiusculum* (Desv.) Underw. ex A. Heller**

中国广布，但主要分布在华南（包括台湾）；日本；欧洲、北美洲。

蕨

毛轴蕨
***Pteridium revolutum* (Blume) Nakai**

河南、陕西、甘肃、浙江、江西、湖南、湖北、四川、重庆、贵州、云南、西藏、台湾、广东、广西；广布于亚洲热带和亚热带、澳大利亚。

毛轴蕨

碗蕨属 *Dennstaedtia*

叶片三角形，通常最基部一对羽片最大，具有杯状或碗形的孢子囊群盖，开口下弯，与裂片方向不一致，着生于裂片的顶端。该地区产溪洞碗蕨（*Dennstaedtia wilfordii*）、细毛碗蕨（*D. hirsuta*）、碗蕨（*D. scabra*）和光叶碗蕨（*D. glabrescens*）4种。溪洞碗蕨叶柄禾秆色，三回羽状深裂，羽片光滑无毛，是碗蕨属一个形态独特的物种，常生于山顶石缝中，在武陵山区仅有湖南石门壶瓶山及重庆酉阳细沙河等少数地区有记载；细毛植株形体较小，叶柄禾秆色，二回羽状或三回羽状复叶，全株密被柔毛；碗蕨形体较大，三至四回羽状，叶柄禾秆色至紫红色，全株密被柔毛；光叶碗蕨形态近似碗蕨，叶柄、叶轴及羽片下面光滑无毛，叶柄紫红色，过去曾作为碗蕨的变种，现我们通过分子生物学证据显示，该种是一个独立的单系分支，应恢复原来的种级分类地位。

1. 株高约 30cm；叶二或三回羽状全裂，羽片 2~6cm。
   2. 叶柄有光泽，基部栗棕色，叶片光滑（无毛）………………溪洞碗蕨 *D. wilfordii*
   2. 叶柄无光泽，淡黄色，叶片密被毛………………………………细毛碗蕨 *D. hirsuta*
1. 株 50~200cm 高或更高；叶三至四回羽状，羽片 10~30cm。
   3. 叶片、叶轴、小羽轴和主脉两面被密毛；囊群盖被密毛…………碗蕨 *D. scabra*
   3. 叶片无毛或具疏毛；囊群盖无毛…………………………光叶碗蕨 *D. glabrescens*

溪洞碗蕨
Dennstaedtia wilfordii (T. Moore) Christ

黑龙江、吉林、辽宁、河北、北京、山西、山东、河南、陕西、安徽、江苏、浙江、江西、湖南、湖北、四川、重庆、贵州、福建。

溪洞碗蕨

细毛碗蕨
Dennstaedtia hirsuta (Sw.) Mett. ex Miq.

黑龙江、吉林、辽宁、陕西、甘肃、上海、浙江、江西、湖南、湖北、四川、重庆、贵州、台湾、广东、广西；日本、韩国、俄罗斯。

碗蕨
Dennstaedtia scabra (Wall. ex Hook.) T. Moore

浙江、江西、湖南、四川、重庆、贵州、云南、西藏、台湾、广东、广西；日本、韩国、菲律宾、越南、老挝、马来西亚、印度、斯里兰卡。

细毛碗蕨

碗蕨

光叶碗蕨
***Dennstaedtia glabrescens* Ching**

浙江、江西、湖南、四川、重庆、贵州、云南、西藏、福建、台湾、广东、广西；日本、韩国、菲律宾、越南、老挝、马来西亚、印度、斯里兰卡。

光叶碗蕨

鳞盖蕨属 *Microlepia*

卵状叶片披针形，通常基部 1~2 对羽片稍缩短，羽片上侧呈耳状突起，孢子囊群杯形，开口与裂片方向一致，靠近裂片边缘，是武陵山区常见植物，包括边缘鳞盖蕨（*Microlepia marginata*）及其变种二回边缘鳞盖蕨（var. *bipinnata*）和毛叶边缘鳞盖蕨（var. *villosa*）、粗毛鳞盖蕨（*M. strigosa*）和西南鳞盖蕨（*M. khasiyana*）等。边缘鳞盖蕨为一至二回羽状深裂，羽片两侧近光滑或密被刚毛，现分子系统学证据显示，边缘鳞盖蕨及其变种二回边缘鳞盖蕨、毛叶边缘鳞盖蕨等均得不到单系性支持，可能和生境条件有关；光叶鳞盖蕨（*M. calvescens*）与边缘鳞盖蕨极为近似，为独立存在的隐种，主要分布区偏南。粗毛鳞盖蕨为二回羽状，广泛分布亚太地区，过去《武陵山维管植物检索表》记录的中华鳞盖蕨（*M. sino-strigosa*）与粗毛鳞盖蕨形态无明显差异，且得不到分子系统学证据的支持。西南鳞盖蕨为湖南新记录植物，分布于湖南桑植芭茅溪，该种形体高大，近似斜方鳞盖蕨（*M. rhomboidea*），并得到分子系统学数据的支持。

1. 叶片中部以下三回羽状……………………………………西南鳞盖蕨 *M. khasiyana*
1. 叶片一或二回羽状。
  2. 羽片羽状分裂约 1/2。
    3. 羽片两面无毛，仅叶脉上被短毛；每裂片的囊群较少……………………………………………………………………………光叶鳞盖蕨 *M. calvescens*
    3. 羽片毛疏或被密毛……………………………………边缘鳞盖蕨 *M. marginata*
      4. 羽片疏被毛……………………………边缘鳞盖蕨（原变种）var. *marginata*
      4. 羽片毛密……………………………………………毛叶边缘鳞盖蕨 var. *villosa*
  2. 羽片羽状，至少下部的羽片基部如此。
    5. 侧生羽片羽状全裂或羽状，基部的小羽片有柄，上部的小羽片与中肋合生，小羽片具锯齿……………………………………二回边缘鳞盖蕨 var. *bipinnata*

5. 侧生羽片羽状，小羽片有柄，小羽片多少羽状分裂。
  6. 顶生小羽片羽状深裂至羽状全裂，小脉和囊群盖被密毛 ……………………………………………………………… 粗毛鳞盖蕨 *M. strigosa*
  6. 顶生小羽片具锯齿至羽状分裂，光滑或小脉和囊群盖被疏毛 ……………………………………………………… 假粗毛鳞盖蕨 *M. pseudostrigosa*

西南鳞盖蕨
***Microlepia khasiyana* (Hook.) C. Presl**

四川鳞盖蕨 *Microlepia szechuanica* Ching

甘肃、湖南、四川、重庆、贵州、云南、西藏；缅甸、尼泊尔、印度。

西南鳞盖蕨

光叶鳞盖蕨
***Microlepia calvescens* (Wall. ex Hook.) C. Chr.**

浙江、江西、湖南、四川、重庆、贵州、云南、福建、台湾、广东、广西、海南；越南、泰国、印度尼西亚、印度。

光叶鳞盖蕨

边缘鳞盖蕨
Microlepia marginata (Panzer) C. Chr.

河南、甘肃、安徽、江苏、上海、浙江、江西、湖南、湖北、四川、重庆、贵州、云南、福建、台湾、广东、广西、海南、香港；日本、越南、泰国、印度尼西亚、尼泊尔、印度、斯里兰卡、巴布亚新几内亚。

边缘鳞盖蕨

毛叶边缘鳞盖蕨
***Microlepia marginata* var. *villosa* (C. Presl) Wu**

安徽、江苏、浙江、江西、湖北、四川、重庆、贵州、云南、福建、台湾、广东、广西、海南；日本、越南、尼泊尔、印度、斯里兰卡、巴布亚新几内亚。

毛叶边缘鳞盖蕨

二回边缘鳞盖蕨
Microlepia marginata var. *bipinnata* Makino

安徽、江苏、浙江、江西、湖南、湖北、四川、重庆、贵州、云南、福建、台湾、广东、广西、海南；日本、越南、尼泊尔、印度、斯里兰卡、巴布亚新几内亚。

二回边缘鳞盖蕨

粗毛鳞盖蕨
Microlepia strigosa (Thunb.) C. Presl

浙江、江西、湖南、湖北、四川、重庆、贵州、云南、福建、台湾、广东、广西、海南、香港；日本、菲律宾、泰国、印度尼西亚、斯里兰卡以及喜玛拉雅、太平洋岛屿。

假粗毛鳞盖蕨
Microlepia pseudostrigosa Makino

中华鳞盖蕨 *Microlepia sinostrigosa* Ching

陕西、甘肃、江苏、浙江、江西、湖南、湖北、四川、重庆、贵州、云南、广东、广西；日本、越南。

粗毛鳞盖蕨

假粗毛鳞盖蕨

冷蕨科 Cystopteridaceae（2/3）

小或中型陆生植物，夏绿或常绿。根状茎细长而横走，或斜升；被棕色膜质鳞片，基部着生。叶柄有关节（羽节蕨）或无；羽片一至四回羽状或羽裂，叶脉分离。孢子囊群圆形或长圆形，生于叶脉远轴面；囊群盖有或无，卵圆形、圆形，贴生在囊托上。孢子囊有柄，纵行环带。

全世界有3属约37种，世界广布，主要分布于温带、寒温带以及热带高山。中国产3属20种。武陵山区产2属3种。

亮毛蕨属 *Acystopteris*

植物叶柄、叶轴及羽轴密被半透明的狭线形至阔披针形鳞片，有亮毛蕨（*Acystopteris japonica*）和禾秆亮毛蕨（*A. tenuisecta*）2种，前者叶柄及羽轴栗褐色，形体较小；后者叶柄及羽轴禾秆色，形体较大。

1. 植株通常小于60cm；叶柄、叶轴和中肋栗黑色或紫棕色 …… 亮毛蕨 *A. japonica*
1. 植株通常达80cm或更高；叶柄和叶轴禾秆色 ………… 禾秆亮毛蕨 *A. tenuisecta*

亮毛蕨
***Acystopteris japonica* (Luerss.) Nakai**

浙江、江西、湖南、湖北、四川、重庆、贵州、云南、福建、台湾、广西；日本。

亮毛蕨

禾秆亮毛蕨
Acystopteris tenuisecta (Blume) Tagawa

湖南、四川、云南、西藏、台湾、广西；日本、菲律宾、越南、缅甸、泰国、马来西亚、新加坡、印度尼西亚、不丹、尼泊尔、印度、斯里兰卡以及太平洋岛屿。

禾秆亮毛蕨

羽节蕨属 *Gymnocarpium*

有东亚羽节蕨（*Gymnocarpium oyamense*）1 种。

东亚羽节蕨
Gymnocarpium oyamense (Baker) Ching

河南、陕西、甘肃、安徽、浙江、江西、湖南、湖北、四川、重庆、贵州、云南、西藏、台湾；日本、菲律宾、尼泊尔、印度、新几内亚。

东亚羽节蕨

轴果蕨科 Rhachidosoraceae（1/1）

中等大小土生或石生常绿植物。根状茎直立或横卧至横走，先端和叶柄基部被褐色、披针形、全缘的长鳞片。叶柄淡禾秆色，罕为红褐色，疏被鳞片，向上通体光滑；叶片大，两面光滑，三角形或卵状三角形，顶部羽裂渐尖，下部二回羽状或三回羽状；末回裂片边缘略有小锯齿或浅圆齿，有时全缘。叶脉分离，明显，侧脉在末回裂片上多二叉或羽状，少为单一。羽轴上面略具浅纵沟，两侧边稍隆起。孢子囊群短线形或略呈新月形，单生于末回裂片基部上出小脉上侧，通常每裂片 1 条或 1~2 对，紧靠末回小羽片或裂片主脉，彼此几并行；囊群盖与孢子囊群同形，单生，厚膜质，稍膨胀，全缘，宿存。孢子囊为纵行环带。孢子两面型，赤道面观半圆形，周壁明显，稍透明，表面不平。

全世界有 1 属 8 种，主要分布于中国的热带、亚热带地区，日本东部、菲律宾、越南南部及印度尼西亚。中国产 5 种。武陵山区产 1 种。

轴果蕨（*Rhachidosorus mesosorus*）为典型的石灰岩地区特有植物，原归属于蹄盖蕨科。湖南石门壶瓶山、永定天门山石灰岩山地有分布，数量稀少。叶片三或四回羽裂，叶脉羽状分离，孢子囊群新月形，单生于裂片 1 侧脉上，靠近小羽轴与主脉并列。

轴果蕨属 *Rhachidosorus*

轴果蕨
***Rhachidosorus mesosorus* (Makino) Ching**

江苏、浙江、湖南、湖北；日本、韩国。

轴果蕨

肠蕨科 Diplaziopsidaceae（1/1）

中型或大型草本植物，生林下或溪边。根状茎横卧至直立，粗壮。叶片一回奇数羽状，羽片全缘，光滑；小脉向边缘网结形成 2~4 行网眼，无内藏小脉。孢子囊群弯弓形或腊肠形，紧靠中肋，具同形囊群盖，常 3~8mm，有时达 1~2cm。孢子囊有长柄，纵行环带。孢子半圆形，周壁透明，形成有层次的阔翅状褶皱，褶皱边缘及表面均有小刺。

全世界有 2 属 4 种，分布于热带美洲、热带、亚热带、温带亚洲。中国 1 属 3 种，武陵山区产 1 种。

川黔肠蕨（*Diplaziopsis cavaleriana*）在武陵山区广泛分布，但数量稀少。奇数一回羽状，羽片 8~10 对，无柄，主脉和叶边具 2 行网眼，孢子囊群靠近主脉处生出，粗线形，斜向上。

肠蕨属 *Diplaziopsis*

川黔肠蕨
Diplaziopsis cavaleriana **(Christ) C. Chr.**

浙江、江西、湖南、湖北、四川、重庆、贵州、云南、福建、台湾、海南；日本、越南、不丹、尼泊尔、印度。

川黔肠蕨

铁角蕨科 Aspleniaceae（2/32）

多为中型或小型草本植物，石生或附生（少有土生），有时为攀缘。根状茎横走、横卧或直立，被具透明粗筛孔的褐色或深棕色的披针形小鳞片，无毛，有网状中柱。叶柄草质，基部不以关节着生，上面有纵沟，各回羽轴上也有1条纵沟，各纵沟彼此不互通；叶形变异极大，单一（披针形、心脏形或圆形）、深羽裂或经常为一至四回羽状细裂，复叶的分枝式为上先出。末回小羽片或裂片多为斜方形或不等边四边形，基部不对称。叶脉分离或网结，无内藏小脉；小脉不达叶边，有时向叶边多少结合。孢子囊群线形，有时近椭圆形，沿小脉上侧着生，有囊群盖。孢子囊为水龙骨型，环带垂直，间断，约由20个增厚细胞组成。孢子两侧对称，椭圆形或肾形，单裂缝，周壁具褶皱，褶皱连接形成网状或不形成网状，表面具小刺或光滑。

铁角蕨科全世界有2属约730种，世界广布，主要分布于山地森林和（亚）热带地区。中国产2属110种。武陵山区产2属32种。

膜叶铁角蕨属 *Hymenasplenium*

根状茎横走，多土生于阴湿林下或石壁，叶草质或膜质，其物种的分类极为复杂，最新的分子系统学研究结果和过去《中国植物志》《武陵山维管植物检索表》及《Flora of China》等著作中的物种概念差异极大。过去记载2种，现知武陵山区产4种。过去曾记载的半边铁角蕨（*Asplenium unilaterale*）多为无配膜叶铁角蕨（*Hymenasplenium apogamum*）、东亚膜叶铁角蕨（*H. hondoense*）以及培善膜叶铁角蕨（*H. wangpeishanii*）的错误鉴定，广布于海南、湖南、广西、香港、台湾、云南、越南、日本等地；齿果膜叶铁角蕨（*H. cheilosorum*）亦为单系类群，特征明显，孢子囊群位于侧生羽片上缘锯齿内，武陵山区湖南保靖白云山有分布；培善膜叶铁角蕨（*H. wangpeishanii*）是最近新发表的物种（Xu KW et al.，2018），模式产地为贵州普定县，武陵山区广泛分布；中华膜叶铁角蕨（*H. sinensis*）也是刚发表的新种（Xu KW et al.，2018），武陵山区有分布，该地区过去鉴定的阴湿膜叶铁角蕨（*H. obliquissimum*）是一个复杂的多系类群，多为该物种的错误鉴定，主要分布在中国西南、台湾和泰国、日本，而武陵山区等华中、华东一带可能没有分布；原记载的切边铁角蕨（*H. excisum*），主要分布在热带地区，武陵山地区的记载可能是错误鉴定。

1. 囊群生小脉顶端，位于边缘的齿牙内 ……………… 齿果膜叶铁角蕨 *H. cheilosorum*
1. 囊群中生或略近主脉，不生于边缘齿内。
  2. 中部羽片的基部下侧的小脉缺失通常大于3条；叶轴背面的深色延伸至中肋的基部。
    3. 叶片通常基部最宽，宽可达18cm；叶轴背面黑紫色至黑色 …………………………………………………………………………切边膜叶铁角蕨 *H. excisum*
    3. 叶片中部最宽，宽小于10cm；叶轴背面紫栗色 ……………………………………………………………… 中华膜叶铁角蕨（阴湿铁角蕨）*H. sinense*
  2. 中部羽片基部下侧的小脉缺失小于3条；叶轴背面的深色延伸至羽柄，罕延伸至中肋。……………………………………培善膜叶铁角蕨 *H. wangpeishanii*

齿果膜叶铁角蕨（齿果铁角蕨）
***Hymenasplenium cheilosorum* (Kunze ex Mett.) Tagawa**

Asplenium cheilosorum Kunze ex Mett.

浙江、江西、湖南、贵州、云南、西藏、福建、台湾、广东、广西、海南、香港；日本、菲律宾、越南、缅甸、泰国、马来西亚、印度尼西亚、不丹、尼泊尔、印度、斯里兰卡。

齿果膜叶铁角蕨

切边膜叶铁角蕨（切边铁角蕨）
***Hymenasplenium excisum* (C. Presl) S. Lindsay**（野外未见）

Asplenium excisum C. Presl

浙江、湖南、贵州、云南、西藏、台湾、广东、广西、海南；菲律宾、越南、缅甸、泰国、马来西亚、印度尼西亚、不丹、尼泊尔、印度、斯里兰卡以及热带非洲。

切边膜叶铁角蕨（照片拍自海南）

中华膜叶铁角蕨
***Hymenasplenium sinense* K.W. Xu, Li Bing Zhang & W.B.Liao**

阴湿铁角蕨 *Asplenium unilaterale* Lam. var. *obliquissimum* auct. non Hayata

江西、湖南、四川、贵州、云南、台湾、广东、广西；日本、越南、印度尼西亚、尼泊尔、印度。

中华膜叶铁角蕨

培善膜叶铁角蕨
Hymenasplenium wangpeishanii Li Bing Zhang & K.W. Xu

湖北、四川、重庆、贵州。

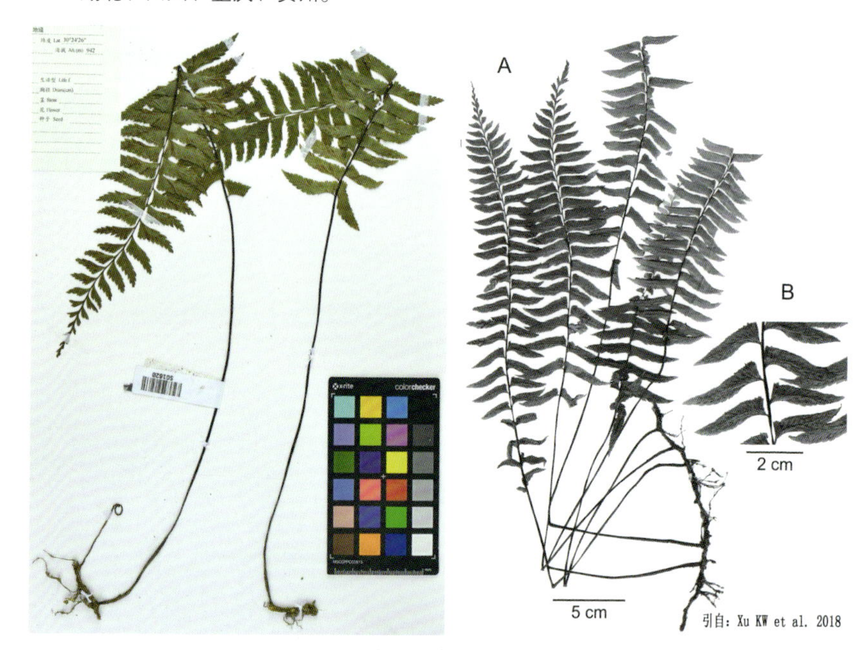

培善膜叶铁角蕨

铁角蕨属 *Asplenium*

根状茎直立，多石生或附生，叶片质地较厚，为武陵山区分布的较大类群，适应于该地区复杂多变山地峡谷环境。

铁角蕨属自然杂交现象普遍，致使该属植物的鉴定和辨别非常困难。王氏铁角蕨（*Asplenium* × *wangii*）是台湾学者郭城孟发现的一个自然杂交种，亲本为大盖铁角蕨（*A. bullatum*）和狭翅铁角蕨（*A. wrightii*），在武陵山区常见，孢子发育正常。该种过去被鉴定为四国铁角蕨（*A. shikokianum*），但真正的四国铁角蕨原产日本，是大盖铁角蕨和骨碎补铁角蕨的自然杂交种，孢子不育。狭翅铁角蕨常被广泛认为参与铁角蕨属植物的自然杂交或存在基因渐渗，在《武陵山维管植物检索表》中记载了疏齿铁角蕨（*A. wrightioides*）、福建铁角蕨（*A. fujianense*）和重齿铁角蕨（*A. duplicatoserratum*）等多种，这些可能都是该种广泛的基因交流或遗传变异的结果，目前这些种均被处理为狭翅铁角蕨的异名。

单叶种类黑边铁角蕨（*A. spluncae*）是当地少见分布的种类，过去称岩穴铁角蕨，倒卵状披针形单叶，全缘，边缘有黑边；《武陵山维管植物检索表》记录的湘黔铁角蕨（*A. xiangqianense*）在《Flora of China》中被认为是倒挂铁角蕨（*A. normale*）和黑边铁角蕨的自然杂交种 *A.* × *xiangqianense*，但作者没有见到标本。此外，华中铁角蕨（*A. sareli*）复合群、北京铁角蕨（*A. pekinense*）等过去也认为广泛存在自然杂交。

石灰岩地貌是铁角蕨属植物集中分布和特有物种易于发生的生境。石生铁角蕨（*A. saxicola*）一回羽状，羽片不等四边形或三角形，主要分布在华南、西南地区的低海拔石灰岩石缝中，近年来湖南保靖白云山和贵州江口梵净山有发现。线裂铁角蕨（*A. coenobiale*）是当地石灰岩石缝常见的铁角蕨属植物，《Flora of China》中将《中国植物志》中记载的乌木铁角蕨（*A. fuscipes*）处理为该种的异名。二者在野外可以看见一定的区别，如前者形体细弱，末回裂片二型，常生长在阴湿处；后者植株较粗壮，末回裂片一型，常生长在干旱的石灰岩石缝中。该种的分类可能需要进一步的研究。

由于石灰岩地貌常分布有北方温带性物种，如卵叶铁角蕨（*A. ruta-muraria*）便是北方温带地区和南方石灰岩地区特有植物，但在当地仅分布在海拔 1000m 以上的山顶石灰岩石缝中，叶片二回羽状，小羽片卵形，边缘有钝锯齿；除此之外，细茎铁角蕨（*A. tenuicaule*）及其变种钝齿铁角蕨（var. *subvarians*）、广布铁角蕨（*A. anogrammoides*）等典型的温带性物种在武陵山石灰岩地貌也有分布。骨碎补铁角蕨（*A. ritoense*）则是近年来新发现的湖南新纪录，产武陵山区沅陵丹霞地貌，具三回羽状复叶，形态特别。

1\. 单叶。
  2. 叶柄亮黑色；叶片小于 12cm
    3. 叶倒卵状披针形，边缘全缘 ……………………………… 黑边铁角蕨 *A. speluncae*
    3. 叶线状披针形，边缘具波状的圆锯齿 ……………… 湘黔铁角蕨 *A. xianqianense*
  2. 叶柄不为亮黑色；叶片大于 10cm，先端急尖或渐尖，无黑边。
    4. 叶片披针形，长为宽的 6~10 倍，急尖至渐尖头；中脉凸起，上面半圆柱形；囊群与叶轴夹角 30~40° ……………………………… 江南铁角蕨 *A. holosorum*
    4. 叶片狭披针形，长为宽的 10~25 倍，尾状渐尖头；中脉上面具沟槽；囊群与叶轴角度 15~30° ………………………………………… 剑叶铁角蕨 *A. ensiforme*
1\. 叶片一至四回羽状。
  5. 末回羽片或裂片线形，具一条小脉；囊群靠边缘。
    6. 主脉或小肋上具小芽胞 ……………………………… 细裂铁角蕨 *A. tenuifolium*
    6. 株不具芽胞。
      7. 叶片三回羽状 ………………………………………… 长叶铁角蕨 *A. prolongatum*
      7. 叶片三回羽状分裂至三回羽状 ……………………… 骨碎补铁角蕨 *A. ritoense*
  5. 末回羽片或裂片非线形，具几条小脉；囊群罕靠边缘。
    8. 叶片一回羽状。
      9. 叶柄和叶轴有光泽，栗色至深褐色或黑色。
        10. 叶轴上面无棕色膜质狭翅或啮蚀状锯齿。
          11. 叶片宽小于 2cm；叶轴半圆柱形；羽片长为宽的 1~2 倍 ……………………………………………………… 江苏铁角蕨 *A. kiangsuense*
          11. 叶片宽大于 2cm；叶轴上面具深纵沟；羽片长为宽的 2 倍或更多 ……………………………………………………… 倒挂铁角蕨 *A. normale*
        10. 叶轴上面具明显的狭翅或几行啮蚀状锯齿。

12. 叶轴具 2 条近轴面和 1 条远轴面的翅，通常近先端生有芽胞 ………………………………………………………………………… 三翅铁角蕨 *A. tripteropus*
12. 叶轴具 2 条近轴面翅，远轴面的无翅，无芽胞…………铁角蕨 *A. trichomanes*
9. 叶柄和叶轴暗无光泽，绿色、禾秆色或灰棕色。
13. 中肋凸起，在羽片近轴面为半圆柱形。
14. 羽片有粗锯齿或重锯齿 …………………………………… 狭翅铁角蕨 *A. wrightii*
14. 羽片深羽裂至下部羽片全裂 ………………………… 王氏铁角蕨 *A.* ×*wangii*
13. 羽片近轴面中肋平坦或扁平（具沟槽）。
15. 叶先端羽片与侧生羽片同形，株高小于 10cm ……………………………………………………………………… 卵叶铁角蕨 *A. ruta-muraria*
15. 叶先端羽状分裂，与侧生羽片不同形；株高大于 10cm。
16. 叶片宽大于 10cm…………………………………石生铁角蕨 *A. saxicola*
16. 叶片宽小于 10cm。
17. 叶轴深褐色至黑色，具较多深褐色至黑色的鳞片，鳞片先端长纤维状；不具芽孢 ………………………………………… 毛轴铁角蕨 *A. crinicaule*
17. 叶轴灰禾秆色至绿色，具红棕色鳞片，先端不为纤维状；多数情况具芽孢，芽胞生于叶轴上或近叶轴的羽柄上 ……… 胎生铁角蕨 *A. indicum*
8. 叶片羽状，羽状分裂至四回羽状。
18. 叶柄全为亮深褐色至黑色 ……………………………… 线裂铁角蕨 *A. coenobiale*
18. 叶柄并不完全为亮深褐色至黑色。
19. 叶柄深灰色至暗棕色。
20. 叶为羽状至羽状分裂，或几达二回羽状。
21. 叶轴密被鳞片…………………………………西南铁角蕨 *A. aethiopicum*
21. 叶轴不被密鳞……………………………………石生铁角蕨 *A. saxicola*
20. 叶分裂度更多，至四回羽状分裂。
22. 叶三或四回羽状分裂。
23. 植株小于 50cm，末回能育裂片线形，具 1 条小脉和 1 个囊群…………………………………………………………………… 骨碎补铁角蕨 *A. ritoense*
23. 植株大于 50cm，裂片宽卵形，具多条小脉和囊群………………………………………………………………………………… 大盖铁角蕨 *A. bullatum*
22. 叶二或三回羽状分裂。
24. 最大羽片的分离小羽片大于 3 对 ………………… 大盖铁角蕨 *A. bullatum*
24. 最大羽片的分离小羽片小于 3 对，大部分下延至中肋。
25. 囊群大于 5mm ……………………………石生铁角蕨 *A. saxicola*
25. 囊群小于 5mm …………………………华南铁角蕨 *A. austrochinense*
19. 叶柄绿色，基部远轴面和稍上通常栗色至黑色。
26. 叶片披针形，基部狭缩 ………………………………… 虎尾铁角蕨 *A. incisum*
26. 叶片卵状三角形，基部不收缩或略收缩。
27. 小芽胞生于羽柄、中肋、脉脊、或叶轴顶端。
28. 羽片通常具 3 对以上分离小羽片；芽胞生于中肋或分肋上 ………………………………………………………………………… 细裂铁角蕨 *A. tenuifolium*
28. 羽片具 3 对以下分离小羽片；芽胞生于羽柄或先端的鞭状 ………………………………………………………………………… 线柄铁角蕨 *A. capillipes*

27. 芽胞无。

29. 叶片三角形至广三角形 ………………………… 卵叶铁角蕨 *A. ruta-muraria*

29. 叶片三角形至卵形；囊群盖边缘不具缘毛。

30. 叶柄绿色或仅基部棕色；叶轴全绿色。

31. 叶薄草质；平均孢子外壁长小于 32μm；植物二倍体：2n=72 ……………………………………………………………… 华中铁角蕨 *A. sarelii*

31. 叶片坚草质至近革质；平均孢子外壁长大于 32μm；植物四倍体：2n=144 …………………………………………… 北京铁角蕨 *A. pekinense*

30. 叶柄和通常叶轴基部远轴面（背面）棕色。

32. 叶片基部二回羽状；羽片上侧具 1 分离的小羽片 ……………………………………………………………………… 变异铁角蕨 *A. varians*

32. 叶片基部三回羽状；羽片上侧具多于 1 片的分离小羽片

33. 植物二倍体；平均孢子外壁长小于 32μm ……………………………………………………… 钝齿铁角蕨 *A. tenuicaule* var. *subvarians*

33. 植物多倍体；平均孢了外壁长大于 32μm ……………………………………………………… 广布铁角蕨 *A. anogrammoides*

黑边铁角蕨（岩穴铁角蕨）
Asplenium speluncae **Christ**

江西、湖南、贵州、广东、广西。

湘黔铁角蕨
Asplenium xianqianense **C. M. Zhang**

湖南、贵州。

黑边铁角蕨

湘黔铁角蕨

江南铁角蕨
Asplenium holosorum **Christ**

假剑叶铁角蕨 *Asplenium loxogrammoides* Christ

江西、湖南、湖北、四川、重庆、贵州、云南、台湾、广东、广西、海南；日本、越南。

江南铁角蕨

剑叶铁角蕨
Asplenium ensiforme **Wall. ex Hook. et Grev.**

江苏、江西、湖南、四川、贵州、云南、西藏、台湾、广东、广西；日本、越南、缅甸、泰国、不丹、尼泊尔、印度、斯里兰卡。

细裂铁角蕨（薄叶铁角蕨）
Asplenium tenuifolium **D. Don**

湖南、四川、重庆、贵州、云南、西藏、台湾、广西、海南；菲律宾、越南、缅甸、泰国、马来西亚、印度尼西亚、不丹、尼泊尔、印度、斯里兰卡。

剑叶铁角蕨　　细裂铁角蕨

长叶铁角蕨
Asplenium prolongatum **Hook.**

河南、甘肃、安徽、浙江、江西、湖南、湖北、四川、重庆、贵州、云南、西藏、福建、台湾、广东、广西、海南、香港；日本、韩国、越南、缅甸、马来西亚、印度、斯里兰卡、太平洋岛屿。

长叶铁角蕨

骨碎补铁角蕨
Asplenium ritoense **Hayata**

浙江、江西、湖南、贵州、云南、福建、台湾、广东、海南；日本、韩国。

骨碎补铁角蕨

江苏铁角蕨
Asplenium kiangsuense **Ching & Y. X. Jing（野外未见）**

庐山铁角蕨 *Asplenium gulingense* Ching & S. H. Wu

安徽、江苏、浙江、江西、湖南、云南、福建。

倒挂铁角蕨
Asplenium normale D. Don

辽宁、安徽、江苏、浙江、江西、湖南、湖北、四川、重庆、贵州、云南、西藏、福建、台湾、广东、广西、海南、香港；日本、菲律宾、越南、缅甸、泰国、马来西亚、不丹、尼泊尔、印度、斯里兰卡、澳大利亚、太平洋岛屿、热带非洲。

三翅铁角蕨
Asplenium tripteropus Nakai

山西、河南、陕西、甘肃、安徽、江苏、浙江、江西、湖南、湖北、四川、重庆、贵州、云南、福建、台湾、广东；日本、韩国、缅甸。

倒挂铁角蕨　　三翅铁角蕨

铁角蕨
Asplenium trichomanes L.

吉林、河北、山西、河南、陕西、甘肃、新疆、安徽、江苏、浙江、江西、湖南、湖北、四川、贵州、云南、西藏、福建、台湾、广东、广西；广布于世界温带地区及热带高山地区。

铁角蕨

狭翅铁角蕨
Asplenium wrightii Eaton ex Hook.

重齿铁角蕨 *Asplenium duplicatoserratum* Ching ex S. H. Wu

疏齿铁角蕨 *Asplenium wrightioides* Christ

福建铁角蕨 *Asplenium fujianense* Ching

安徽、江苏、浙江、江西、湖南、湖北、四川、重庆、贵州、云南、福建、台湾、广东、广西、海南、香港；日本、韩国、越南。

狭翅铁角蕨

王氏铁角蕨
Asplenium × *wangii* C. M. Kuo

四国铁角蕨（高知铁角蕨）*Asplenium shikokianum* auct. non Makino

湖北、四川、重庆、贵州、台湾；日本。

卵叶铁角蕨
Asplenium ruta-muraria L.

辽宁、内蒙古、山西、陕西、甘肃、新疆、湖南、湖北、四川、重庆、贵州、云南、台湾；日本、韩国、尼泊尔、印度、巴基斯坦、阿富汗、塔吉克斯坦、吉尔吉斯斯坦、哈萨克斯坦、俄罗斯；亚洲、欧洲、非洲、北美洲。

王氏铁角蕨

卵叶铁角蕨

石生铁角蕨
Asplenium saxicola **Rosenst.**

甘肃、安徽、浙江、江西、湖南、湖北、四川、贵州、云南、西藏、福建、台湾、广东、广西；菲律宾、越南、缅甸、泰国、不丹、尼泊尔、印度、斯里兰卡。

石生铁角蕨

毛轴铁角蕨
Asplenium crinicaule **Hance**

浙江、江西、湖南、四川、重庆、贵州、云南、西藏、福建、广东、广西、海南、香港；菲律宾、越南、缅甸、泰国、马来西亚、印度、澳大利亚。

毛轴铁角蕨

胎生铁角蕨

Asplenium indicum **Sledge**

甘肃、安徽、浙江、江西、湖南、湖北、四川、贵州、云南、西藏、福建、台湾、广东、广西；菲律宾、越南、缅甸、泰国、不丹、尼泊尔、印度、斯里兰卡。

胎生铁角蕨

线裂铁角蕨

Asplenium coenobiale **Hance**

浙江、湖南、四川、重庆、贵州、云南、福建、台湾、广东、广西、海南；日本、越南。

线裂铁角蕨

西南铁角蕨
***Asplenium aethiopicum* (Burm. f.) Becherer**（野外未见）
毛叶铁角蕨 *Asplenium praemorsum* Sw.

江西、湖南、四川、云南、广西；菲律宾、越南、缅甸、泰国、马来西亚、印度尼西亚、印度、澳大利亚；太平洋岛屿、马卡罗尼西亚群岛、热带非洲、美洲。

大盖铁角蕨
***Asplenium bullatum* Wall. ex Mett.**

江西、湖南、四川、贵州、云南、西藏、福建、台湾、广西；越南、缅甸、不丹、尼泊尔、印度。

大盖铁角蕨

华南铁角蕨
***Asplenium austrochinense* Ching**

安徽、浙江、江西、湖南、湖北、四川、重庆、贵州、云南、福建、台湾、广东、广西、海南、香港；日本、越南。

华南铁角蕨

虎尾铁角蕨
Asplenium incisum Thunb.

黑龙江、吉林、辽宁、河北、山西、山东、河南、陕西、甘肃、安徽、江苏、上海、浙江、江西、湖南、湖北、四川、重庆、贵州、云南、福建、台湾、广东、广西；日本、菲律宾、越南、缅甸、泰国、尼泊尔、印度、俄罗斯。

虎尾铁角蕨

线柄铁角蕨
Asplenium capillipes Makino（野外未见）

陕西、甘肃、湖南、四川、重庆、贵州、云南、台湾；日本、韩国、不丹、尼泊尔、印度。

华中铁角蕨
Asplenium sarelii Hook.

黑龙江、吉林、辽宁、内蒙古、河北、北京、山西、山东、河南、陕西、甘肃、安徽、江苏、上海、浙江、江西、湖南、湖北、四川、重庆、贵州、云南、福建、广西；日本、朝鲜、俄罗斯（西伯利亚及远东地区）。

华中铁角蕨

北京铁角蕨
Asplenium pekinense Hance

辽宁、内蒙古、河北、天津、北京、山西、山东、河南、陕西、宁夏、甘肃、安徽、江苏、上海、浙江、湖南、湖北、四川、重庆、贵州、云南、西藏、福建、台湾、广东、广西；日本、韩国、印度、巴基斯坦、俄罗斯。

北京铁角蕨

变异铁角蕨
Asplenium varians Wall. ex Hook. et Grev.

山西、山东、河南、陕西、宁夏、浙江、湖南、湖北、四川、重庆、贵州、云南、西藏、广东、广西；越南、印度尼西亚、不丹、尼泊尔、印度、斯里兰卡；中南半岛、夏威夷群岛、非洲。

变异铁角蕨

钝齿铁角蕨

***Asplenium tenuicaule* Hayata var. *subvarians* (Ching) Viane**

Asplenium subvarians Ching

黑龙江、吉林、辽宁、内蒙古、河北、北京、山西、山东、河南、陕西、甘肃、青海、江苏、浙江、江西、湖南、四川、重庆、贵州、云南、西藏；日本、韩国、菲律宾、不丹、尼泊尔、印度、巴基斯坦、俄罗斯。

钝齿铁角蕨

广布铁角蕨

***Asplenium anogrammoides* Christ**

吉林、辽宁、河北、山西、山东、陕西、宁夏、安徽、江苏、浙江、江西、湖南、湖北、四川、贵州、云南、福建、广东；日本、韩国、越南、印度。

广布铁角蕨

金星蕨科 Thelypteridaceae（12/62）

中型或大型草本植物，土生或溪边石缝生。根状茎粗壮，具放射状对称的网状中柱，直立、斜升或细长而横走，顶端被鳞片；鳞片基生，披针形，罕为卵形，棕色，质厚，筛孔狭长，背面往往有灰白色短刚毛或边缘有睫毛。叶柄细，不以关节着生，通常基部有鳞片，向上多少有与根状茎上同样的灰白色、单细胞针状毛或多细胞的长毛。叶一型，多为长圆披针形或倒披针形，少为卵形或卵状三角形，通常二回羽裂，少有三至四回羽裂，罕为一回羽状，羽轴上面或凹陷成一纵沟，但不与叶轴上的沟互通，或圆形隆起，密生灰白色针状毛，羽片基部着生处下面常有一膨大的疣状气囊体。叶脉分裂或网结。孢子囊群圆形，背生在小脉上，囊群盖圆肾形，被毛，或无盖。孢子囊具长柄，常混生有腺毛。孢子两面形，少数四面体形，具周壁。

全世界有 2 亚科 30 属约 1034 种，是一个极为自然的分类群，以全株被灰色单细胞针状毛而显著区别于其他类群，遍布于热带、亚热带。中国产 17 属 209 种。武陵山区记载 12 属 62 种。

卵果蕨亚科 Subfamily Phegopteridoideae

针毛蕨属 *Macrothelypteris*

是金星蕨科的基部类群，中型三至四回羽状分裂，叶柄幼时常被白粉，叶脉分离，孢子囊群无盖，武陵山区产 4 种。普通针毛蕨（*Macrothelypteris torresiana*）叶轴、羽轴或主脉上常被多细胞针状长毛，针毛蕨（*M. oligophlebia*）常两面无毛，雅致针毛蕨（*M.oligophlebia* var. *elagans*）略有短柔毛。

1. 羽片背面具开展的多细胞的针状毛 ……………………… 普通针毛蕨 *M. torresiana*
1. 羽片光滑或具单细胞的针状毛。
  2. 叶薄草质，干后草绿色或深绿色；小羽片平展，与中肋相交呈直角；羽片背面具较多开展的针状毛 …………………………………… 翠绿针毛蕨 *M. viridifrons*
  2. 叶草质，干后黄绿色；上部的小羽片斜上，与中肋相交呈锐角；羽片背面光滑无毛，至多沿中肋具稀疏的针状毛 ………………………………… 针毛蕨 *M. oligophlebia*
    3. 羽片两面无毛 ………………………………… 针毛蕨（原变种）var. *oligophlebia*
    3. 羽片沿肋脉和分肋背面均具灰白色单细胞的针状短毛 … 雅致针毛蕨 var. *elegans*

普通针毛蕨
Macrothelypteris torresiana **(Gaudich.) Ching**

河南、安徽、江苏、浙江、江西、湖南、湖北、四川、重庆、贵州、云南、西藏、福建、台湾、广东、广西、海南、香港、澳门；日本、菲律宾、越南、缅甸、印度尼西亚、不丹、尼泊尔、印度、澳大利亚；太平洋岛屿、美洲热带和亚热带。

普通针毛蕨

翠绿针毛蕨
Macrothelypteris viridifrons **(Tagawa) Ching**（野外未见）

安徽、江苏、浙江、江西、湖南、贵州、福建；日本、韩国。

翠绿针毛蕨

针毛蕨
Macrothelypteris oligophlebia **(Baker) Ching**

河北、河南、安徽、江苏、浙江、江西、湖南、湖北、贵州、福建、台湾、广东、广西；日本、韩国。

针毛蕨

雅致针毛蕨
Macrothelypteris oligophlebia **var.** ***elegans*** **(Koid.) Ching**

河南、陕西、甘肃、安徽、江苏、浙江、江西、湖南、湖北、重庆、贵州、福建、台湾、广东、广西；日本、韩国。

雅致针毛蕨

卵果蕨属 *Phegopteris*

有两种，卵果蕨（*Phegopteris connectilis*）及延羽卵果蕨（*P. decursive-pinnata*）。前者根状茎长而横走，叶片三角形，基部羽片正常不缩成耳状；后者根状茎短而直立，叶片倒披针形，基部羽片收缩成三角形耳状。

1. 叶片披针形；基部多对羽片渐缩短，基部 1 对羽片缩小呈耳状 ………………………………………………………………………………… 延羽卵果蕨 *P. decursive-pinnata*
1. 叶片三角形；下部的不渐狭缩，基部 1 对羽片最大且通常反折 ………………………………………………………………………………… 卵果蕨 *P. connectilis*

延羽卵果蕨
***Phegopteris decursive-pinnata* (H. C. Hall) Fée**

山东、河南、陕西、甘肃、安徽、江苏、上海、浙江、江西、湖南、湖北、四川、重庆、贵州、云南、福建、台湾、广东、广西；日本、韩国、越南。

延羽卵果蕨

卵果蕨
***Phegopteris connectilis* (Michx.) Watt**（野外未见）

黑龙江、吉林、辽宁、河南、陕西、湖北、四川、重庆、贵州、云南、台湾；广布于北半球温带、亚洲中部的山脉和喜玛拉雅地区。

卵果蕨（照片拍自四川）

紫柄蕨属 *Pseudophegopteris*

因叶柄多成紫红色而得名，产 4 种，紫柄蕨（*Pseudophegopteris pyrrhorachis*）植株高大，侧生羽片上下两侧几等长，其变种光叶紫柄蕨（var. *glabrata*）叶下面无毛；耳状紫柄蕨（*P. aurita*）植株矮小，侧生羽片下侧羽片基部明显伸长成耳状。

1\. 叶柄禾秆色，基部包括叶轴和中肋远轴面具白色针状毛，混生不规则分叉的或星状毛……………………………………………………………… 星毛紫柄蕨 *P. levingei*
1\. 叶柄红栗色或栗色。
  2\. 羽片基部 1 对小羽片或裂片，尤其下侧 1 片，明显伸长……耳状紫柄蕨 *P. aurita*
  2\. 羽片基部 1 对小羽片或裂片与其上的小羽片或裂片同形同大或至多略膨大………………………………………………………………………紫柄蕨 *P. pyrrhorhachis*
    3\. 叶片背面沿主脉、分肋和叶脉具密的短针状毛，脉间被疏毛…………………………………………………………………………… 紫柄蕨（原变种）var. *pyrrhorhachis*
    3\. 叶片背面无毛或至多沿叶轴、主脉和分肋具极短的头状毛，脉间无毛…………………………………………………………………………… 光叶紫柄蕨 var. *glabrata*

星毛紫柄蕨
***Pseudophegopteris levingei* (C. B. Clarke) Ching**

陕西、甘肃、江西、湖北、四川、重庆、贵州、云南、西藏、台湾、广西；不丹、印度、巴基斯坦、阿富汗、克什米尔。

星毛紫柄蕨

耳状紫柄蕨
Pseudophegopteris aurita (Hook.) Ching

浙江、江西、湖南、重庆、贵州、云南、西藏、福建、广东、广西；日本、菲律宾、越南、缅甸、马来西亚、印度尼西亚、不丹、尼泊尔、印度、巴布亚新几内亚。

耳状紫柄蕨

紫柄蕨
Pseudophegopteris pyrrhorhachis (Kunze) Ching

河南、甘肃、浙江、江西、湖南、湖北、四川、重庆、贵州、云南、福建、台湾、广东、广西；越南、缅甸、不丹、尼泊尔、印度、斯里兰卡。

紫柄蕨

光叶紫柄蕨

***Pseudophegopteris pyrrhorhachis* var. *glabrata* (C. B. Clarke) Holttum**

湖南、湖北、四川、重庆、贵州、云南；缅甸、印度、喜玛拉雅。

光叶紫柄蕨

金星蕨亚科 Subfamily Thelypteridoideae

栗柄金星蕨属 *Coryphopteris*

该属从过去的金星蕨属中分出，主要包括原金星蕨属中叶柄基部栗红色、被阔披针形鳞片的类群。武陵山区有 7 种，《武陵山维管植物检索表》记载的光脚金星蕨（*Coryphopteris japonica*）、中华金星蕨（*C. chinensis*）、毛脚金星蕨（*C. hirsutipes*）、阔片金星蕨（*C. pauciloba*）、黑叶金星蕨（*C. nigrescens*）、毛盖金星蕨（*C. trichochlamys*）均是该属成员。

1\. 叶片背面无紫红色球形腺体。
  2\. 裂片先端无裂口状棱角……………………………黑叶栗柄金星蕨 *C. nigrescens*
  2\. 裂片先端 2~4 裂口状棱角。
    3\. 根茎直立，叶柄基部混生少数开展的多细胞长针毛，囊群盖疏被柔毛…………………………………………………………………………阔片栗柄金星蕨 *C. pauciloba*
    3\. 根茎横卧或斜展；叶柄具密的开展的多细胞的针状长毛，上部的近光滑无毛；囊群盖密短刚毛状……………………………钝角栗柄金星蕨 *C. angulariloba*
1\. 羽片背面具紫红色球形的大腺体。
  4\. 叶柄基部光滑无毛。
    5\. 叶片披针形；中部羽片 0.8~1.2cm 宽，背面光滑或偶具极疏白柔毛；叶柄栗棕色，从不为禾秆色……………………………………中华栗柄金星蕨 *C. chinensis*
    5\. 叶片卵状长圆形；中部羽片 1.3~1.6cm 宽，通常背面具灰白色柔毛，罕光滑；叶柄通常栗色，偶尔禾秆色……………………………光脚栗柄金星蕨 *C. japonica*
  4\. 叶柄基部具开展的 2 或 3 细胞的灰白色针状毛。
    6\. 叶片背面沿中肋具长针状毛，囊群盖光滑或偶尔具少数短刚毛………………………………………………………………………………毛脚栗柄金星蕨 *C. hirsutipes*
    6\. 叶片背面沿叶轴具短毛或近光滑，囊群盖具密的短刚毛………………………………………………………………………………毛盖栗柄金星蕨 *C. trichochlamys*

黑叶栗柄金星蕨（黑叶金星蕨）
Coryphopteris nigrescens **(Ching ex K. H. Shing) X. L. Zhou et Y. H. Yan, comb. nov.**（野外未见）
Parathelypteris nigrescens Ching ex K. H. Shing

湖南、云南、广西。

阔片栗柄金星蕨（阔片金星蕨）
Coryphopteris pauciloba **(Ching ex K. H. Shing) X. L. Zhou et Y. H. Yan, comb. nov.**（野外未见）
Parathelypteris pauciloba Ching ex K. H. Shing

湖南、福建。

钝角栗柄金星蕨（钝角金星蕨）
Coryphopteris angulariloba **(Ching) L. J. He et X. C. Zhang**
Parathelypteris angulariloba (Ching) Ching

江西、湖南、福建、台湾、广东、广西、海南、香港；日本。

钝角栗柄金星蕨

中华栗柄金星蕨（中华金星蕨）
Coryphopteris chinensis **(Ching) X. L. Zhou et Y. H. Yan comb. nov.**
Parathelypteris chinensis (Ching) Ching

安徽、浙江、江西、湖南、四川、贵州、云南、福建、广东、广西。

中华栗柄金星蕨

光脚栗柄金星蕨（光脚金星蕨）
***Coryphopteris japonica* (Baker) L. J. He et X. C. Zhang**
Parathelypteris japonica (Baker) Ching

吉林、安徽、江苏、上海、浙江、江西、湖南、四川、重庆、贵州、云南、福建、台湾、广东、广西；日本、韩国。

光脚栗柄金星蕨

毛脚栗柄金星蕨（毛脚金星蕨）
***Coryphopteris hirsutipes* (C. B. Clarke) Holttum**（野外未见）
Parathelypteris hirsutipes (C. B. Clarke) Ching

贵州、云南、广东、广西、海南；越南、缅甸、印度。

毛盖栗柄金星蕨（毛盖金星蕨）
***Coryphopteris trichochlamys* (Ching ex K. H. Shing) X. L. Zhou et Y. H. Yan comb. nov.**（野外未见）
Parathelypteris trichochlamys Ching ex K. H. Shing

湖南、广东。

凸轴蕨属 *Metathelypteris*

因叶柄、羽轴上部凸起没有沟槽而得名，侧生羽片基部裂片或小羽片常收缩。武陵山区有 5 种，叶片狭矩圆形、二回羽状深裂的疏羽凸轴蕨（*Metathelypteris laxa*），叶片卵状三角形二回羽状深裂的三角叶凸轴蕨（*M. deltoideofrons*），叶片卵状三角形三回羽状深裂的林下凸轴蕨（*M. hattori*）及叶片卵状三角形、下部羽片具长柄的有柄凸轴蕨（*M. petiolulata*）。微毛凸轴蕨为热带性分布种类，在武陵山区南部通道有分布。

1. 叶片长圆形或披针形。
  2. 叶片下部 1~2 对羽片多少缩短，羽片背面光滑或至多沿中肋具毛，叶轴和中肋上面具灰白短针毛……………………………………微毛凸轴蕨 *M. adscendens*
  2. 叶片下部羽片几不变狭，羽片背面至少沿中肋具较密的短针状毛…………………………………………………………………………………疏羽凸轴蕨 *M. laxa*
1. 叶片卵状三角形。
  3. 叶片二回羽状深裂，裂片全缘………………………三角叶凸轴蕨 *M. deltoideofrons*
  3. 叶片二回羽状分裂或三回羽状至三回羽状分裂。

4. 下部羽片无柄或具长 0.5~1mm 的柄，小羽片圆钝头或急尖头，无柄…………………………………………………………………………林下凸轴蕨 *M. hattorii*

4. 下部羽片具长 3.5~5mm 的柄，小羽片长渐尖状尾头，柄长 4~7mm…………………………………………………………………………有柄凸轴蕨 *M. petiolulata*

微毛凸轴蕨

Metathelypteris adscendens **(Ching) Ching**

浙江、江西、湖南、福建、台湾、广东、广西。

微毛凸轴蕨

疏羽凸轴蕨

Metathelypteris laxa **(Franch. et Sav.) Ching**

安徽、江苏、上海、浙江、江西、湖南、湖北、四川、重庆、贵州、云南、福建、台湾、广东、广西、海南；日本、韩国。

疏羽凸轴蕨

三角叶凸轴蕨
Metathelypteris deltoideofrons **Ching ex W. M. Chu et S. G. Lu**

湖南、云南。

三角叶凸轴蕨

林下凸轴蕨
Metathelypteris hattorii **(H. Itô) Ching**

安徽、浙江、江西、湖南、四川、重庆、贵州、福建；日本。

林下凸轴蕨

有柄凸轴蕨
Metathelypteris petiolulata Ching ex K. H. Shing

安徽、浙江、江西、湖南、福建。

有柄凸轴蕨

金星蕨属 *Parathelypteris*

叶柄禾秆色、叶脉分裂，叶片下面被橙黄色圆球形腺体。武陵山区有基部羽片不收缩的金星蕨（*Parathelypteris glanduligera*）、有齿金星蕨（*P. serrutula*）和基部多对羽片明显缩短的中日金星蕨（*P. nipponica*）、秦岭金星蕨（*P. tsinglingensis*）和狭脚金星蕨（*P. subnipponica*）。

1. 下部羽片不缩短或略缩短。
  2. 中肋背面光滑无毛；能育叶裂片边缘圆锯齿状 ························ 有齿金星蕨 *P. serrutula*
  2. 中肋多少具针状毛；能育叶裂片边缘全缘 ····················· 金星蕨 *P. glanduligera*
1. 叶片下部几对羽片明显缩短。
  3. 叶片背面无腺体或偶尔具少数橙黄色球形腺体；根茎长横走，近光滑无毛·· 中日金星蕨 *P. nipponica*
  3. 叶片背面具较多橙黄色球形腺体；根茎斜升或横走，被密的锈黄色柔毛。
    4. 根茎斜升；叶轴背面具灰白色细针状毛；囊群盖具密的刚毛··· 秦岭金星蕨 *P. qinlingensis*
    4. 根茎长横走，被密的锈黄色毛；叶轴背面近光滑；囊群盖光滑或偶尔具 1 或 2 刚毛 ·· 狭脚金星蕨 *P. borealis*

有齿金星蕨
***Parathelypteris serrutula* (Ching) Ching（野外未见）**

浙江、四川、贵州。

金星蕨
***Parathelypteris glanduligera* (Kunze) Ching**

山东、河南、陕西、安徽、江苏、上海、浙江、江西、湖南、湖北、四川、重庆、贵州、云南、福建、台湾、广东、广西、海南、香港；日本、韩国、越南、尼泊尔、印度。

金星蕨

中日金星蕨
***Parathelypteris nipponica* (Franch. et Sav.) Ching**

吉林、山东、河南、陕西、甘肃、安徽、江苏、上海、浙江、江西、湖南、湖北、四川、重庆、贵州、云南、福建、台湾、广东、广西；日本、韩国、尼泊尔。

中日金星蕨

秦岭金星蕨
***Parathelypteris qinlingensis* Ching ex K. H. Shing**（野外未见）

陕西、甘肃、湖南。

狭脚金星蕨
***Parathelypteris borealis* (H. Hara) K. H.**（野外未见）

陕西、安徽、江西、湖南、四川、贵州、福建、广西；日本。

钩毛蕨属 *Cyclogramma*

因羽轴上被钩状毛而得名，为性状稳定的单系类群。武陵山区产5种，耳羽钩毛蕨（*Cyclogramma auriculata*）原记载产云南、台湾、中南半岛及南亚地区，是武陵山区近年来该地区新发现的植物，叶片基部多对羽片收缩成耳状，小羽轴基部具显著的钩状腺体。该种在武陵山区的发现具有重要生物地理学意义。原记载的峨眉钩毛蕨（*C. omeiensis*），作者查看了原武陵山调查科考队的标本，认为不典型而存疑。

1. 叶片不渐狭缩至基部，即基部1对羽片大小相近于其上的羽片。
   2. 叶轴下面羽片着生处的气囊体较小不明显……………………小叶钩毛蕨 *C. flexilis*
   2. 叶轴下面羽片着生处的气囊体线状披针形至三角状披针形··焕镛钩毛蕨 *C. chunii*
1. 叶片明显渐狭缩至基部，即下部的1至几对羽片缩短，基部1对耳状。
   3. 下部的1对羽片缩短，且不为耳状…………………………狭基钩毛蕨 *C. leveillei*
   3. 下部的2~5对羽片渐缩短，下部的1或2对羽片耳状，小于1cm。
   4. 植株高过1m，根茎短直立，上面脉间具稀疏的贴生短毛，孢子囊近顶端具1~2刚毛………………………………………………………耳羽钩毛蕨 *C. auriculata*
4. 植株60~70cm高，根茎长横走，上面脉间近光滑，孢子囊无毛……………………………………………………………………………………峨眉钩毛蕨 *C. omeiensis*

小叶钩毛蕨
Cyclogramma flexilis (Christ) Tagawa

湖南、湖北、四川、重庆、贵州、广西。

小叶钩毛蕨

焕镛钩毛蕨
Cyclogramma chunii (Ching) Tagawa

贵州、广东、广西。

焕镛钩毛蕨

狭基钩毛蕨
Cyclogramma leveillei (Christ) Ching

浙江、江西、湖南、四川、重庆、贵州、云南、福建、台湾、广东、广西；日本。

狭基钩毛蕨

耳羽钩毛蕨
Cyclogramma auriculata (J. Sm.) Ching

贵州、云南、台湾；缅甸、印度尼西亚、不丹、尼泊尔、印度。

耳羽钩毛蕨

峨眉钩毛蕨
Cyclogramma omeiensis (Baker) Tagawa（野外未见）

湖南、四川、重庆、贵州、云南、台湾。

溪边蕨属 *Stegnogramma*

由狭义的溪边蕨属（叶脉网状）、圣蕨属（*Dictyocline*）（叶脉网状）和茯蕨属（*Leptogramma*）（叶脉分离）共同组成一个单系分支，叶片一回羽状，孢子囊群沿叶脉着生，无囊群盖，与圣蕨属具亲缘关系。武陵山区产 8 种。作者在贵州梵净山采集到类似《武陵山维管植物检索表》记载的峨眉溪边蕨（*Stegnogramma emeiensis*），不同的是其叶轴上具长毛，我们暂且将其鉴定为峨眉溪边蕨。贯众叶溪边蕨（*S. cyrtomioides*）是一个分布较为稀少的物种，该种在武陵山区各地均有记载，作者在湖北七姊妹山保护区进行考察时，发现了一个数量较大的分布居群。

1. 叶脉分离（原茯蕨属 *Leptogramma*）。
  2. 基部 1 对羽片长于其上的，因此叶片戟状……………………小叶茯蕨 *S. tottoides*
  2. 基部 1 对羽片其上的长度相似，叶片非戟状。

3. 下部的分离羽片具短柄 ……………………………………………… 峨眉茯蕨 *S. scallanii*
3. 全部羽片无柄 ………………………………………………… 华中茯蕨 *S. centrochinensis*

1. 叶脉部分或完全网结。
4. 叶脉完全网结，网眼内具或无单一或分叉的内藏小脉；囊群散生和沿网状叶脉着生（原圣蕨属 *Dictyocline*）。
5. 叶片背面具长针状毛，侧脉间的横向小脉不明晰，叶轴和中肋两侧的长方形网眼内具少数内藏小脉，罕联结成小的方形网眼 ……………… 羽裂圣蕨 *S. wilfordii*
5. 叶片背面仅被微柔毛或极少数针毛，横向小脉明显，叶轴和中肋两侧的较大网眼内具较多内脉，这些内脉再联结成较小方形网眼 ……… 戟叶圣蕨 *S. sagittifolia*
4. 叶脉部分网结（叶脉为星毛蕨脉型或新月蕨脉型），网眼全无内藏小脉；囊群短线形。
6. 下部几对羽片缩短 …………………………………… 金佛山溪边蕨 *S. jinfoshanensis*
6. 基部一对羽片不缩短或略缩短。
7. 叶轴上具多细胞的长毛，羽片上相邻两组叶脉间的基部一对侧脉在主脉两侧连接成三角形网眼 ………………………………… 贯众叶溪边蕨 *S. cyrtomioides*
7. 叶轴上无长毛，羽片上相邻两组叶脉间的基部两对侧脉在主脉两侧交结 ……………………………………………………………………… 峨眉溪边蕨 *S. emeiensis*

小叶茯蕨
***Stegnogramma tottoides* (H. Itô) K. Iwats.**

Leptogramma tottoides H. Itô

浙江、江西、湖南、重庆、贵州、福建、台湾。

小叶茯蕨

峨眉茯蕨

***Stegnogramma scallanii* (Christ) K. Iwats.**

Leptogramma scallanii (Christ) Ching

河南、甘肃、浙江、江西、湖南、湖北、四川、重庆、贵州、云南、福建、广东、广西；越南。

峨眉茯蕨

华中茯蕨

***Stegnogramma centrochinensis* (Ching ex Y. X. Lin) X. L. Zhou et Y. H. Yan comb. nov.**

Leptogramma centrochinensis Ching ex Y. X. Lin

湖北。

华中茯蕨

羽裂圣蕨
***Stegnogramma wilfordii* (Hook.) Seriz.**
Dictyocline wilfordii (Hook.) J. Sm.

浙江、江西、湖南、四川、重庆、贵州、云南、福建、台湾、广东、广西、香港；日本、越南。

羽裂圣蕨

戟叶圣蕨
***Stegnogramma sagittifolia* (Ching) L. J. He et X. C. Zhang**
Dictyocline sagittifolia Ching

江西、湖南、贵州、广东、广西。

戟叶圣蕨

金佛山溪边蕨
***Stegnogramma jinfoshanensis* Ching et Z. Y. Liu**

湖北、四川、重庆、云南。

金佛山溪边蕨

贯众叶溪边蕨
Stegnogramma cyrtomioides **(C. Chr.) Ching**

湖南、湖北、四川、重庆、贵州。

贯众叶溪边蕨

峨眉溪边蕨
Stegnogramma emeiensis **Ching（存疑）**

四川、贵州。

峨眉溪边蕨

方秆蕨属 *Glaphyropteridopsis*

是金星蕨科的一个单系分支，具有叶脉分离、孢子囊群紧靠中脉等特征。粉红方秆蕨（*Glaphyropteridopsis rufostraminea*）是该地区石灰岩地貌溪边常见种类，具有明显的密被针毛的囊群盖。方秆蕨（*G. erubescens*）（无囊群盖）在重庆武隆石灰岩地区有分布，另外武陵山区还记载有仅有记录未见标本的毛囊方秆蕨（*G. eriocarpa*）（不明显囊群盖）。

1. 囊群无盖……………………………………………………………… 方秆蕨 *G. erubescens*
1. 囊群有盖。
   2. 囊群明显有盖，囊群盖具针状毛；叶片上面脉间具短刚毛……………………………………………………………………………… 粉红方秆蕨 *G. rufostraminea*
   2. 囊群具小鳞片状的囊群盖，通常被成熟孢子囊遮盖而不易看见；叶轴、羽轴、叶脉和脉间均光滑无毛……………………………… 毛囊方秆蕨 *G. eriocarpa*

方秆蕨

Glaphyropteridopsis erubescens **(Wall. ex Hook.) Ching**

湖南、四川、重庆、贵州、云南、西藏、台湾、广西；日本、菲律宾、越南、缅甸、不丹、尼泊尔、印度、巴基斯坦。

方秆蕨

粉红方秆蕨

Glaphyropteridopsis rufostraminea **(Christ) Ching**

湖南、湖北、四川、重庆、贵州、云南。

粉红方秆蕨

毛囊方秆蕨

Glaphyropteridopsis eriocarpa **Ching**（野外未见）

湖南、重庆。

假毛蕨属 *Pseudocyclosorus*

也是金星蕨科中的单系类群，具有叶片二回羽状深裂、基部羽片收缩（个别种不收缩）、叶轴在侧生羽片着生处常有褐色气囊体、叶脉分裂，孢子囊群有盖等特征。武陵山区记载 7 种，野外调查到 3 种。普通假毛蕨（*Pseudocyclosorus subchthodes*）和西南假毛蕨（*P. esquirolii*）常见，前者形体较小，也两面近光滑；后者形体高大，叶两面密被针毛。青城假毛蕨（*P. qingchengensis*）和西南假毛蕨很像，区别是前者叶片背面脉间有毛，后者脉间光滑。过去记载有假毛蕨（*P. xylodes*），基部多对羽片突然收缩成瘤状；镰片假毛蕨（*P. falcilobus*），囊群盖有腺体，二者一般分布在华南地区，应为错误鉴定。

1. 下部羽片突然缩小呈棕色气囊体 ………………………………… 假毛蕨 *P. tylodes*
1. 下部羽片渐缩小成耳形或戟状。
  2. 叶轴、中肋和叶脉背面仅具细毛，至多先端具 1~2 针状毛。
    3. 羽片斜展 ……………………………………………… 普通假毛蕨 *P. subochthodes*
    3. 羽片平展 ……………………………………………………… 景烈假毛蕨 *P. tsoi*
  2. 叶轴背面多少具长针状毛，中肋和叶脉背面通常具针状毛，有时光滑无毛。
    4. 羽片线形，斜上；基部上侧的裂片明显伸长；囊群盖具腺 ………………………
       ……………………………………………………………… 镰片假毛蕨 *P. falcilobus*
    4. 羽片不线形，平展，至少下部羽片平展。
      5. 叶片背面脉间光滑 ……………………………………… 西南假毛蕨 *P. esquirolii*
      5. 叶片背面脉间被毛。
        6. 植株高至 140cm；叶片约 100cm，羽片约 17cm×2~2.5cm；裂片彼此以宽的间隔分开 …………………………………… 青城假毛蕨 *P. qingchengensis*
        6. 植株约 90cm 高；叶片约 50cm；羽片 9~13cm× 约 1.5cm；裂片彼此以狭间隔分开 ………………………………………… 狭羽假毛蕨 *P. angustipinnus*

西南假毛蕨
***Pseudocyclosorus esquirolii* (Christ) Ching**

甘肃、江西、湖南、湖北、四川、重庆、贵州、云南、西藏、福建、台湾、广东、广西；缅甸、泰国、尼泊尔、印度。

西南假毛蕨

青城假毛蕨
Pseudocyclosorus qingchengensis Y. X. Lin

湖南、四川、广西。

普通假毛蕨
Pseudocyclosorus subochthodes (Ching) Ching

甘肃、安徽、浙江、江西、湖南、湖北、四川、重庆、贵州、云南、福建、台湾、广东、广西、香港；日本、韩国。

青城假毛蕨

普通假毛蕨

狭羽假毛蕨
Pseudocyclosorus angustipinnus Ching ex Y. X.（野外未见）

贵州。

镰片假毛蕨
Pseudocyclosorus falcilobus (Hook.) Ching（野外未见）

浙江、江西、湖南、贵州、云南、福建、广东、广西、海南、香港；日本、越南、老挝、缅甸、泰国、印度。

镰片假毛蕨（照片拍自广东）

景烈假毛蕨

***Pseudocyclosorus tsoi* Ching**（野外未见）

浙江、江西、湖南、福建、广东、广西。

假毛蕨

***Pseudocyclosorus tylodes* (Kunze) Ching**（野外未见）

湖南、四川、贵州、云南、西藏、台湾、广东、广西、海南、香港；菲律宾、越南、缅甸、泰国、印度、斯里兰卡。

假毛蕨（照片拍自海南）

小毛蕨属 *Christella*

秦仁昌系统中的毛蕨属（*Cyclosorus*）在分子系统中并不是一个单系类群，而是由多个不同的类群组成的一个庞杂的系统；PPGⅠ系统中的毛蕨属仅包括 2 种，其中一种就是毛蕨（*Cyclosorus interruptus*）。武陵山区原记载的 10 种毛蕨属植物现属于小毛蕨属。华南毛蕨（*Christella parasitica*）与渐尖毛蕨（*C. acuminata*）相似，但前者叶背有红色腺体，叶背及囊群盖上密被针毛；中华齿状毛蕨（*C. sino-dentata*）与武陵毛蕨（*C. wulingshanense*）相似，但前者多对基部羽片略收缩，后者基部多对羽片突然收缩成圆耳状；齿牙毛蕨（*C. dentata*）与宽羽毛蕨（*C. latipinna*）相似，但前者根状茎直立，顶生羽片渐尖头，多生长在路边，后者根状茎横走，具有明显的顶生羽片，生长在溪边石缝中。干旱毛蕨（*C. arida*）与闽台毛蕨（*C. jaculosa*）相似，均基部羽片收缩，多对小脉连接成网，但前者叶质厚草质，两面密被针毛。同羽毛蕨（*C. simillima*）现已并入闽台毛蕨。过去记载的慈利毛蕨（*Cyclosorus ciliensis*）和薄叶毛蕨（*C. chingii*）已分别处理为渐尖毛蕨和展羽毛蕨（*Christella evoluta*）的异名；永顺毛蕨（*Cyclosorus yongshunensis*）的发表与武陵毛蕨基于相同的模式标本（张灿明 8122），为晚出异名。

1. 裂口下的小脉 1~1. 5(~2) 对；叶片草质至纸质。
  2. 下部羽片基部狭缩成耳片状 ······································ 石门毛蕨 *C. shimenense*
  2. 下部羽片基部不狭缩或略狭缩。
    3. 下部羽片不缩小或略缩小，羽片线状披针形 ················ 华南毛蕨 *C. parasitica*
    3. 基部羽片多少缩小，羽片披针形或倒披针形。

4. 下部 2~3 对羽片略缩短，裂口下有 1~1.5 对侧脉在缺刻下结合 ………………………………………………………………………… 齿牙毛蕨 *C. dentata*
4. 下部 1 对羽片略缩短，裂口下有 2 对侧脉在缺刻下结合 ………………………………………………………………………… 中华齿状毛蕨 *C. sinodentata*
1. 裂口下的小脉 2 或更多对；叶片纸质。
5. 孢子囊柄上具大的球形红色腺体；羽片具微小的毛或背面近光滑 ………………………………………………………………………… 展羽毛蕨 *C. evoluta*
5. 孢子囊柄上具椭圆球形或棒状，金黄色或橙红色腺体（少为无腺）；羽片背面通常多少被毛。
6. 侧生羽片分裂至 1/3，有时近全缘；羽片背面具密的头状腺毛 ………………………………………………………………………… 宽羽毛蕨 *C. latipinna*
6. 侧生羽片通常更深分裂；羽片通常无腺毛。
7. 羽片背面无腺体（有时具腺毛）。
8. 裂口下的小脉约 2 对；中部羽片的基部上侧裂片伸长 ………………………………………………………………………… 渐尖毛蕨 *C. acuminata*
8. 裂口下的小脉较多；中部羽片基部上侧的裂片正常或缩短 ………………………………………………………………………… 武陵毛蕨 *C. wulingshanense*
7. 羽片背面具腺。
9. 羽片背面通体具椭圆球形腺体 ………………………… 闽台毛蕨 *C. jaculosa*
9. 羽片背面具棒状腺体 ………………………………… 干旱毛蕨 *C. arida*

石门毛蕨

Christella shimenense **(K. H. Shing et C. M. Zhang) X. L. Zhou et Y. H. Yan comb. nov.**（野外未见）

Cyclosorus shimenensis K. H. Shing et C. M. Zhang

湖南、重庆、贵州。

石门毛蕨

华南毛蕨

Christella parasitica (L.) H.Lev.

Cyclosorus parasiticus (L.) Farw.

甘肃、浙江、江西、湖南、四川、重庆、贵州、云南、福建、台湾、广东、广西、海南、香港、澳门；日本、韩国、菲律宾、越南、老挝、缅甸、泰国、印度尼西亚、尼泊尔、印度、斯里兰卡。

齿牙毛蕨

Christella dentata (Forssk.) Brownsey et Jermy

Cyclosorus dentatus (Forssk.) Ching

浙江、江西、湖南、四川、重庆、贵州、云南、西藏、福建、台湾、广东、广西、海南、香港、澳门；亚洲热带和亚热带、非洲、热带美洲。

华南毛蕨

齿牙毛蕨

中华齿状毛蕨

Christella sinodentata (Ching et Z. Y. Liu) X. L. Zhou et Y. H. Yan comb. nov.

Cyclosorus sinodentatus Ching et Z. Y. Liu

湖南、重庆。

中华齿状毛蕨

展羽毛蕨

Christella evoluta (C. B. Clarke et Baker) Holttum（野外未见）

Cyclosorus evolutus (C. B. Clarke et Baker) Ching

薄叶毛蕨 *Cyclosorus chingii* Z. Y. Liu ex Ching & Z. Y. Liu

湖南、重庆、贵州、云南、广西；泰国、印度。

宽羽毛蕨

Christella latipinna (Benth.) H. Lév.

Cyclosorus latipinnus (Benth.) Tardieu

浙江、湖南、贵州、云南、福建、台湾、广东、广西、海南、香港、澳门；菲律宾、越南、缅甸、泰国、马来西亚、印度尼西亚、印度、斯里兰卡、澳大利亚以及太平洋岛屿。

宽羽毛蕨

渐尖毛蕨

Christella acuminata (Houtt.) H. Lév.

Cyclosorus acuminatus (Houtt.) Nakai

慈利毛蕨 *Cyclosorus ciliensis* K. H. Shing

山东、河南、陕西、甘肃、安徽、江苏、上海、浙江、江西、湖南、湖北、四川、重庆、贵州、云南、福建、台湾、广东、广西、海南、香港、澳门；日本、韩国、菲律宾。

渐尖毛蕨

武陵毛蕨

***Christella wulingshanense* (C. M. Zhang) X. L. Zhou et Y. H. Yan comb. nov.**

Cyclosorus wulingshanensis C. M. Zhang

永顺毛蕨 *Cyclosorus yongshunensis*

湖南、四川、重庆、云南、西藏、广西。

武陵毛蕨

闽台毛蕨

***Christella jaculosa* (Christ) Holttum**

Cyclosorus jaculosus (Christ) H. Itô

同羽毛蕨 *Cyclosorus simillimus* Ching ex K. H. Shing

浙江、江西、湖南、贵州、云南、福建、台湾、广东、广西；日本、越南、不丹、尼泊尔、印度。

闽台毛蕨

干旱毛蕨
Christella arida (D. Don) Holttum

Cyclosorus aridus (D. Don) Ching

安徽、浙江、江西、湖南、四川、重庆、贵州、云南、西藏、福建、台湾、广东、广西、海南、香港；菲律宾、越南、印度尼西亚、不丹、尼泊尔、印度、澳大利亚以及太平洋岛屿、马来群岛。

干旱毛蕨

新月蕨属 *Pronephrium*

秦仁昌系统中的新月蕨属不是单系类群，其中武陵山区广泛分布的无囊群盖的铍针新月蕨（*Pronephrium penangianum*）和红色新月蕨（*P. lakhimpurense*）共同组成一个单系，与秦蕨属（*Chingia*）有较紧密的亲缘关系，而和其他的植物体上具钩状毛的新月蕨属植物如单叶新月蕨（*P. simplex*）等亲缘关系较远，其分类学地位有待于进一步确定。

1. 叶片干后通常绿色；羽片线状披针形，边缘具整齐锐锯齿 …………………………………………………………………………………… 披针新月蕨 *P. penangianum*
1. 叶片干后多少呈紫红色；羽片披针形，边缘全缘或略波状 …………………………………………………………………………………… 红色新月蕨 *P. lakhimpurense*

披针新月蕨
Pronephrium penangianum **(Hook.) Holttum**

河南、甘肃、浙江、江西、湖南、湖北、四川、重庆、贵州、云南、广东、广西；不丹、尼泊尔、印度、巴基斯坦。

披针新月蕨

红色新月蕨
Pronephrium lakhimpurense **(Rosenst.) Holttum**

江西、湖南、四川、重庆、贵州、云南、福建、广东、广西、香港；越南、泰国、不丹、尼泊尔、印度。

红色新月蕨

岩蕨科 Woodsiaceae（1/2）

中小型草本植物，旱生或石缝生。根状茎短而直立或横卧或斜升。鳞片披针形，棕色，膜质，筛孔狭长细密。叶片椭圆披针形至狭披针形，一或二回羽裂。叶柄多少被鳞片及节状长毛，有的具有关节；叶脉羽状，分离，小脉先端往往有水囊，不达叶边。叶片多少被透明粗毛、细长毛或腺毛，叶轴下面圆形，上面有浅纵沟。孢子囊群圆形，着生于小脉的中部或近顶部。不具隔丝；囊群盖下位，膜质，形状多样，碟形至杯形，或为球形或膀胱形从顶端开口，或为着生于囊托上的多细胞卷曲长毛所构成，或无盖，或为叶缘反折而成的膜质假盖所覆盖。孢子囊大型，球形，具由 3 行细胞组成的短柄，环带纵行，仅下方为囊柄所阻断，由 (14~) 16~22 (~30) 个增厚细胞组成，具有水平的裂口。孢子椭圆形，两侧对称，单裂缝，具周壁，周壁形成褶皱，表面有颗粒状、小刺状及小瘤状纹饰，外壁表面光滑。

全世界 1 属 39 种，广泛分布于北温带。中国产 1 属 24 种。武陵山区产 2 种。

岩蕨属 *Woodsia*

产耳羽岩蕨（*Woodsia polystichoides*）和膀胱蕨（*W. manchuriensis*）2 种，前者分布于武陵山区北部中高海拔山区石缝中，叶片一回羽状，羽片基部上侧截形并呈耳状突起；后者产湖南桑植八大公山海拔 1200m 处溪边石缝中

1. 叶一回羽状；囊群盖杯形，边缘浅裂并有睫毛 ………… 耳羽岩蕨 *W. polystichoides*
1. 叶二回羽状深裂；囊群盖大，球圆形，薄膜质，无睫毛 ………………………………………………………………………………… 膀胱蕨 *W. manchuriensis*

耳羽岩蕨
***Woodsia polystichoides* D. C. Eaton**

广布于中国中部、东部（包括台湾，但不包括福建）、北部、西北部和西南部（四川、云南）；日本、韩国、俄罗斯。

耳羽岩蕨

膀胱蕨
***Woodsia manchuriensis* Hook.**

黑龙江、吉林、辽宁、内蒙古、河北、山西、山东、河南、安徽、浙江、江西、湖南、四川、贵州；日本、韩国、俄罗斯。

膀胱蕨

蹄盖蕨科 Athyriaceae（3/75）

小型、中型至大型草本植物，土生或附生。根状茎长而横走，斜升或直立，少数呈树状，密被鳞片；鳞片全缘或有锯齿，锯齿由相邻的细胞边缘组成，基部着生。叶柄被鳞片或被毛或光滑，各回羽轴和中肋上面有浅沟相通，沟槽边常有刺，单叶或一至三回羽状，叶脉分离或网结。孢子囊群多样，线形、"J"形、圆形、圆肾形，囊群盖同型或无，生于囊托上。孢子囊具长柄或短柄，纵行环带。孢子两面形，椭球形，外有周壁。

全世界有 3 属约 650 种，世界广布。中国产 3 属 323 种。根据 PPGI 的处理，将安蕨属（*Anisocampium*）和角蕨属（*Cornopteris*）并入到蹄盖蕨属，现仅剩蹄盖蕨属、对囊蕨属和双盖蕨属 3 属。武陵山区产 3 属 75 种。

双盖蕨属 *Diplazium*

包括短肠蕨属（*Allantodia*）、双盖蕨属部分种类、毛轴线盖蕨属（*Monomelangium*）、菜蕨属（*Callipteris*）等，这些类群目前认为是一个单系类群（Wei R et al., 2013）。武陵山区产 22 种，野外调查到 19 种。

叶片一回羽状、侧生羽片具重锯齿且基部上侧常呈耳状突起的耳羽双盖蕨（*Diplazium wichurae*）复合群在该地区得到较好的发育，包括根状茎直立、基部羽片收缩的石灰岩洞穴特有植物异果双盖蕨（*D. heterocarpum*）、根状茎横走、侧生羽片上侧有重锯齿的耳羽双盖蕨、侧生羽片上下两侧有重锯齿的假耳羽双盖蕨（*D. okudairai*）和羽片不具明显耳状突起但两侧具重锯齿的薄叶双盖蕨（*D. pinfaense*）。近年来，我们还在湖南桑植、石门等地发现了薄叶双盖蕨和耳羽双盖蕨的自然杂交种中日双盖蕨（*D.* × *kidoi*），原产日本，这是中国首次发现，对研究自然杂交种的独立发生具有重要意义。此外，近年来我们在该地区还发现了众多其他的双盖蕨属种类，如植株高达近 2m 的巨大双盖蕨（*D. gigantea*）、末回裂片上下侧有差异的异裂双盖蕨（*D. laxifrons*）等。

双盖蕨属在武陵山区种类繁多，有众多疑难类群需要进一步研究。如江南双盖蕨（*D. mettenianum*）是一群变化较大复合群，过去记载的小叶江南短肠蕨（*Allantodia metteniana* var. *fauriei*）和镰羽短肠蕨（*Allantodia griffithii*）均属该复合群，植株形体大小、羽片分裂程度等均变化较大，目前尚缺乏深入研究。又如轴鳞双盖蕨（*D. hirtipes*）有一个变型，黑鳞轴鳞双盖蕨（*D. hirtipes f. nigropaleaceum*），作者在湖南保靖白云山、桑植八大公山等地有采集，发现确实该变型的鳞片颜色与原变型有差别，其分类学地位有待进一步厘清。

1. 叶脉网结……………………………………………………食用双盖蕨 *D. esculentum*
1. 叶脉分离。
  2. 叶片奇数羽状，具顶生羽片与侧生羽片同形……………薄叶双盖蕨 *D. pinfaense*
  2. 叶片先端羽状浅裂，或具与侧生羽片不同的顶生羽片。
    3. 囊群卵状圆形或柱状长圆形，紧靠主脉；囊群盖弓形，卵状圆形或短腊肠形，从背部不规则的破裂。

4. 根茎先端和叶柄基部鳞片松散，披针形或线状披针形 ·· 卵果双盖蕨 *D. ovatum*
4. 叶柄鳞片稀疏，通常伏贴，卵形或卵状披针形 …… 光脚双盖蕨 *D. doederleinii*
3. 囊群短长圆形，狭椭圆形，或短或长线形；囊群盖大多非弓形，从上侧张开。
5. 囊群通常阔长圆形，偶尔椭圆形或短柱形；囊群盖显著弓形，易破裂。
6. 叶纸质，二回羽状；小羽片通常浅的羽状浅裂至羽状分裂或仅具锯齿；鳞片边缘均具齿。
7. 囊群中上部或近边缘，囊群盖明显膨大，椭圆形或短柱形……………………………………………………………………………… 边生双盖蕨 *D. conterminum*
7. 囊群中生或略近主脉，囊群盖略膨大，成熟时长圆形……………………………………………………………………………………… 淡绿双盖蕨 *D. virescens*
6. 叶草质，三或近三回羽状（小羽片羽状深裂至羽状全裂，裂片以狭翅相连）；鳞片全缘。
8. 根茎横走；株高通常高约 2m，基部三回羽状；小羽片的裂片或二回小羽片长圆形或线状披针形，先端大多急尖头至短急尖头，通常少圆头……………………………………………………………………………双生双盖蕨 *D. prolixum*
8. 根茎斜升至直立；株高通常小于 1m，有时可达 1.5m，基部三回羽状，有时二回羽状；二回小羽片卵形或长圆形，急尖头……………………………………………………………………………………… 矩圆双盖蕨 *D. pseudosetigerum*
5. 囊群和囊群盖短线形或长线形；囊群盖非弓形，从上侧张开，成熟时通常反卷压于孢子囊下。
9. 叶片一回羽状。
10. 羽片多镰形，基部不对称，基部上侧显著具耳凸，边缘常具锯齿。
11. 根茎短，斜展至直立；叶簇生…………………异果双盖蕨 *D. heterocarpum*
11. 根茎细长，横走；叶远生。
12. 叶草质或薄草质，叶柄疏被鳞片，羽片两侧具浅三角形裂片，裂片具浅锯齿；羽柄有狭翅……………………………假耳羽双盖蕨 *D. okudairai*
12. 叶片厚纸质或近革质，叶柄上部近光滑，羽片具双或单锯齿，羽柄无翅……………………………………………………… 耳羽双盖蕨 *D. wichurae*
10. 羽片长圆状披针形，基部对称或略不对称，上侧无耳状突起，边缘仅具浅齿或大多羽状浅裂。
13. 叶片顶端骤缩，形成与侧生羽片不同的顶生羽片；羽片基部对称或略不对称，边缘仅具浅齿……………………………… 中日双盖蕨 *D. × kidoi*
13. 叶片渐尖，羽片基部对称，边缘羽状浅裂。
14. 根茎斜升至直立，叶簇生…………………………… 鳞轴双盖蕨 *D. hirtipes*
14. 根茎长横走；叶远生 ………………………… 江南双盖蕨 *D. mettenianum*
15. 能育叶片 25~40cm × 15~25cm，羽片羽状浅裂至羽状深裂………………………………………………… 江南双盖蕨（原变种）var. *mettenianum*
15. 能育叶片 15~20cm × 7~10cm，羽片浅波状或齿状 ………………………………………………………………………… 小叶双盖蕨 var. *fauriei*
9. 完全成长株的叶片二回羽状或基部近三回羽状。
16 小羽片和裂片先端大多圆或急尖状卵形，有时下部羽片的小羽片卵形或阔三角状披针形……………………………… 鳞柄双盖蕨 *D. squamigerum*
16. 小羽片常为披针形，渐尖头或长渐尖头；植株粗壮而高大。

17. 叶厚纸质或近革质，有光泽；小羽片通常羽状浅裂至羽状分裂或边缘具浅锯齿。
    18. 鳞片显著两色，具黑边；小羽片披针形或卵状披针形……………………………………………………………………毛柄双盖蕨 *D. dilatatum*
    18. 鳞片单色，无黑边；羽片镰状披针形，不对称，下侧的小羽片较长，小羽片舌状长圆形或镰状披针形………………镰羽双盖蕨 *D. griffithii*
17. 叶片大多草质，无光泽；小羽片大多羽状浅裂至羽状深裂，小羽片裂片大多密接呈篦齿状。
    19. 根茎先端和叶柄基部的鳞片紧贴或叶柄几无鳞片……………………………………………………………………异裂双盖蕨 *D. laxifrons*
    19. 根茎先端和叶柄基部的鳞片松散。
        20. 根茎斜升至直立，鳞片边缘具齿…………深绿双盖蕨 *D. viridissimum*
        20. 根茎横走，鳞片全缘。
            21. 叶片基部近三回羽状，小羽片全裂至深裂……中华双盖蕨 *D. chinense*
            21. 叶片二回羽状，小羽片羽状浅裂至半裂…… 薄盖双盖蕨 *D. hachijoense*

食用双盖蕨（菜蕨）

Diplazium esculentum (Retz.) Sw.

Callipteris esculenta (Retz.) J. Sm. ex T. Moore et Houlston

河南、安徽、浙江、江西、湖南、湖北、四川、贵州、云南、西藏、福建、台湾、广东、广西、海南、香港、澳门；亚洲热带、波利尼西亚的热带和亚热带地区。

食用双盖蕨

薄叶双盖蕨
Diplazium pinfaense Ching

浙江、江西、湖南、湖北、四川、重庆、贵州、云南、福建、广东、广西；日本。

薄叶双盖蕨

卵果双盖蕨（卵果短肠蕨）
Diplazium ovatum (W. M. Chu ex Ching et Z. Y. Liu) Z. R. He

Allantodia ovata W. M. Chu ex Ching & Z. Y. Liu

湖南、四川、重庆、贵州、云南；越南。

卵果双盖蕨

光脚双盖蕨（光脚短肠蕨）
Diplazium doederleinii **(Luerss.) Makino**
Allantodia doederleinii (Luerss.) Ching

浙江、湖南、四川、贵州、云南、福建、台湾、广东、广西、海南、香港；日本、越南。

光脚双盖蕨

边生双盖蕨（边生短肠蕨）
Diplazium conterminum **Christ**
Allantodia contermina (Christ) Ching

浙江、江西、湖南、四川、重庆、贵州、云南、福建、台湾、广东、广西、香港；日本、越南、泰国。

边生双盖蕨

淡绿双盖蕨（淡绿短肠蕨）
Diplazium virescens **Kunze**
Allantodia virescens (Kunze) Ching

安徽、浙江、江西、湖南、湖北、四川、重庆、贵州、云南、福建、台湾、广东、广西、海南、香港；日本、韩国、越南。

淡绿双盖蕨

双生双盖蕨（双生短肠蕨）
Diplazium prolixum Rosenst.

四川、重庆、贵州、云南、广西；越南。

双生双盖蕨

矩圆双盖蕨（矩圆短肠蕨）
Diplazium pseudosetigerum (Christ) Fraser-Jenk.（野外未见）

Allantodia pseudosetigera (Christ) Ching

湖南、四川、重庆、贵州、广西；越南。

异果双盖蕨（异果短肠蕨）
Diplazium heterocarpum Ching

Allantodia heterocarpa (Ching) Ching

湖南、四川、重庆、贵州。

异果双盖蕨

假耳羽双盖蕨（假耳羽短肠蕨）
Diplazium okudairai Makino

Allantodia okudairai (Makino) Ching

江西、湖南、湖北、四川、重庆、贵州、云南、台湾；日本、韩国。

假耳羽双盖蕨

耳羽双盖蕨（耳羽短肠蕨）
Diplazium wichurae (Mett.) Diels

Allantodia wichurae (Mett.) Ching

安徽、江苏、浙江、江西、湖南、四川、重庆、贵州、云南、福建、台湾、广东、广西；日本、韩国。

耳羽双盖蕨

中日双盖蕨
***Diplazium* × *kidoi* Sa. Kurata**

湖南、福建；日本。

中日双盖蕨

鳞轴双盖蕨（鳞轴短肠蕨）
***Diplazium hirtipes* Christ**

Allantodia hirtipes (Christ) Ching

湖南、湖北、四川、重庆、贵州、云南、广西；越南。

江南双盖蕨（江南短肠蕨）
***Diplazium mettenianum* (Miq.) C. Chr.**

Allantodia metteniana (Miq.) Ching

安徽、浙江、江西、湖南、四川、重庆、贵州、云南、福建、台湾、广东、广西、海南、香港；日本、越南、泰国。

鳞轴双盖蕨

江南双盖蕨

小叶双盖蕨（小叶短肠蕨）

Diplazium mettenianum var. fauriei (Christ) Tagawa（野外未见）

Allantodia metteniana var. *fauriei* (Christ) Ching

浙江、江西、湖南、福建、广东、广西；日本、越南。

小叶双盖蕨（照片拍自福建）

鳞柄双盖蕨（鳞柄短肠蕨）

Diplazium squamigerum (Mett.) C. Hope

Allantodia squamigera (Mett.) Ching

山西、河南、甘肃、安徽、江苏、浙江、江西、湖北、四川、重庆、贵州、云南、西藏、福建、台湾、广西；日本、韩国、尼泊尔、印度。

鳞柄双盖蕨

毛柄双盖蕨（毛柄短肠蕨）

***Diplazium dilatatum* Blume**

Allantodia dilatata (Blume) Ching

浙江、湖南、四川、重庆、贵州、云南、福建、台湾、广东、广西、海南、香港、澳门；日本、菲律宾、越南、老挝、缅甸、泰国、马来西亚、印度尼西亚、尼泊尔、印度、澳大利亚、太平洋岛屿。

毛柄双盖蕨

镰羽双盖蕨（镰羽短肠蕨）

***Diplazium griffithii* T. Moore**（野外未见）

Allantodia griffithii (T. Moore) Ching

湖南、贵州、云南、广西；越南、印度。

镰羽双盖蕨（照片拍自海南）

异裂双盖蕨（异裂短肠蕨）
Diplazium laxifrons Rosenst.

Allantodia laxifrons (Rosenst.) Ching

湖南、四川、重庆、贵州、云南、西藏、福建、台湾、广东、广西；不丹、尼泊尔、印度。

异裂双盖蕨

深绿双盖蕨（深绿短肠蕨）
Diplazium viridissimum Christ

四川、贵州、云南、西藏、台湾、广东、广西、海南；菲律宾、越南、缅甸、尼泊尔、印度、喜玛拉雅。

深绿双盖蕨

中华双盖蕨（中华短肠蕨）
Diplazium chinense (Baker) C. Chr.

Allantodia chinensis (Baker) Ching

安徽、江苏、上海、浙江、江西、湖南、湖北、四川、重庆、贵州、福建、台湾、广东、广西；日本、韩国、越南。

中华双盖蕨

薄盖双盖蕨（薄盖短肠蕨）
***Diplazium hachijoense* Nakai**

Allantodia hachijoensis (Nakai) Ching

安徽、浙江、江西、湖南、四川、重庆、贵州、福建、广东、广西；日本、韩国。

薄盖双盖蕨

对囊蕨属 *Deparia*

包括秦仁昌系统中的蛾眉蕨属（*Lunathyrium*）、假蹄盖蕨属（*Athyriopsis*）、介蕨属（*Dryoathyrium*）、网蕨属（*Dictyocline*）及单叶双盖蕨（*Diplazium subsinuatum*）等，这些类群在分子系统学中均形成一独立的单系类群，形态差别显著，然后再形成一个庞杂的对囊蕨属，从而导致该属属下物种分类也较为困难。《Flora of China》将该类群的中文名和拉丁学名全部修改为对囊蕨属，从而导致该类群物种分类的混淆。鉴此，本书对该类群采用最新的分子系统学证据（Kuo LY et al.，2018）进行分组介绍。武陵山区产 19 种，是该类群分布的中心地带，所有的组及亚组具有代表种，种类十分多样。

1. 叶柄基部不膨大，无气囊。
  2. 叶脉网结（网蕨组 Sect. *Dictyodroma*）…………………… 全缘对囊蕨 *D. formosana*
  2. 叶脉分离（对囊蕨组 Sect. *Deparia*）。
    3. 叶片单一，边缘全缘或浅波状 ………………………………单叶对囊蕨 D. lancea
    3. 叶片一至三回羽状；叶轴被毛，中肋背面被毛；囊群多态（长形、马蹄形、“J”形或圆状肾形）。

4. 根茎斜升，叶簇生。
5. 叶片卵状长圆形，囊群盖边缘啮蚀状，孢子周壁表面具密的不规则的长刺状纹饰……………………………………………………………… 美丽对囊蕨 *D. concinna*
5. 叶片狭卵形或卵形，囊群盖近全缘或略具细齿，孢子周壁表面具密的棒状和粗刺状纹饰……………………………………………………… 斜生对囊蕨 *D. dickasonii*
4. 根茎细长横走；叶远生至近生。
6. 叶片狭披针形、披针形、阔披针形或狭三角形；羽片圆头或急尖头。
7. 叶草质,叶轴和中肋两面具通常较多卷曲的长节毛;分离羽片1或2(或3)对；囊群盖具短节毛或光滑（无毛），边缘撕裂状，具纤毛，通常平直，罕内弯；孢子周壁具密的和先端大多钝圆的刺状纹饰……… 毛叶对囊蕨 *D. petersenii*
7. 叶薄草质或近膜质，具疏的节毛；分离羽片通常大于5对，罕2或3对…………………………………………………………………………钝羽对囊蕨 *D. conilii*
6. 叶片卵形、长圆形、三角形、阔披针形或阔长圆状披针形，渐尖头至长渐尖头，罕急尖头。
8. 分离羽片大多斜展呈60° 角，基部阔楔形或楔形，羽片裂片显著斜展，叶片两面具稀疏的节毛；囊群盖表面光滑 ……………… 东洋对囊蕨 *D. japonica*
8. 分离羽片通常愈70° 斜展或平展，羽片裂片平展或愈50° 倾斜（通常60~70°）；叶轴和中肋背面通常具显著粗长节毛；羽片上面具细而尖的短节毛。
9. 中部以下的羽片阔楔形或楔形；羽片裂片通常长圆形或舌状长圆形，先端急尖头或截头，偏斜的，罕圆形 ……………… 毛叶对囊蕨 *D. petersenii*
9. 中部以下羽片基部浅心形或截形；羽片裂片舌状长圆形或偏斜的镰状长圆形，先端圆 ……………………………………… 狭叶对囊蕨 *D. longipes*
1. 叶柄基部膨大，通常有翅并具气囊。
10. 最基部的小羽片耳形，略至几不缩小；囊群线形、“J”形、双生或“U”形（蛾眉蕨组 Sect. *Lunanthyrium*）。
11. 仅2或3对下部羽片略缩短，基部1对羽片通常大于3cm………………………………………………………………………… 河北对囊蕨 *D. vegetior*
11. 多对下部羽片渐缩短，基部1对羽片不大于1~2cm，通常耳状…………………………………………………………………华中对囊蕨 *D. shennongensis*
10. 最基部的小羽片不为耳形和略缩小；囊群线形、“J”形、“U”形或圆状肾形，不或罕双生1脉。
12. 根状茎直立，叶簇生（直立介蕨组 Sect. *Erectus*）……… 直立对囊蕨 *D. erecta*
12. 根状茎横走，叶近生或远生（介蕨组 Sect. *Dryoathyrium*）。
13. 囊群长圆形或短线形，有时弯曲;囊群盖长圆形、新月形、“J”形或马蹄形。
14. 叶片上面具稀疏的棕色刺状粗毛；侧脉通常分叉 ……………………………………………………………………………刺毛对囊蕨 *D. setigera*
14. 叶片上面近光滑，无刺状粗毛；侧脉通常二至四分叉 ……………………………………………………………………………鄂西对囊蕨 *D. henryi*
13. 囊群大多圆形或椭圆形；囊群盖圆状肾形、马蹄形、“J”形或新月形。
15. 叶片二回羽状，小羽片羽状分裂（小羽片分离或与中肋的翅合生）。
16. 小羽片分离，短柄 …………………………………………… 对囊蕨 *D. boryana*
16. 小羽片基部多少与中肋合生。

17. 叶片厚草质，小羽片基部近方形，羽状分裂 1/2 或更浅，裂片全缘或具浅波状锯齿…………………………………… 大久保对囊蕨 *D. okuboana*
17. 叶薄草质，小羽片基部阔楔形，羽状分裂大于 2/3，裂片为圆锯齿状…………………………………………………………绿叶对囊蕨 *D. viridifrons*

15. 叶片 2 回羽状深裂具小羽片贴生至中肋。
18. 叶柄和叶轴具稀疏的暗棕色 卵状披针形鳞片；裂片圆锯齿状；小脉分二至三（或四）分叉 ……………………………… 川东对囊蕨 *D. stenopterum*
18. 叶柄和叶轴覆被较多的黑棕色，有光泽的阔披针形鳞片；裂片全缘或具齿；侧脉二叉，偶尔单一或三分叉。
19. 羽片狭椭圆形或椭圆形，羽状几全裂至中肋；羽片裂片长短不均匀，下侧的裂片长于上侧的裂片，通常镰状…… 镰小羽对囊蕨 *D. falcatipinnula*
19. 羽片披针形，羽状分裂，裂片整齐，长圆状…… 单叉对囊蕨 *D. unifurcata*

网蕨组（**Sect.** *Dictyodroma*）在武陵山区仅产 1 种，全缘网蕨（*D. formosana*），叶片一回羽状，叶脉网状连接，形态独特，是近年来我们在湖南桑植芭茅溪新发现的武陵山区新纪录，仅有一株，非常稀少，是该种在中国的最北分布记录。

全缘对囊蕨（全缘网蕨）
Deparia formosana **(Rosenst.) R. Sano**
Dictyodroma formosana (Rosenst.) Ching

湖南、贵州、云南、台湾、广东；日本。

全缘对囊蕨

对囊蕨组（Sect. *Deparia*）可分为3个亚组，武陵山区共7种。对囊蕨亚组（Sect. *Deparia*）仅1种，单叶对囊蕨（*D. lancea*）；斜生假蹄盖蕨亚组（Subsect. *Caespites*）包括原假蹄盖蕨属的根状茎直立或斜生种类，武陵山区产2种，斜生假蹄盖蕨（*D. dickasonii*）和美丽假蹄盖蕨（*D. concinna*），原模式产地产湖南桑植天平山的湖南假蹄盖蕨（*Athyriopsis hunanensis*）现已处理为斜生假蹄盖蕨的异名；假蹄盖蕨亚组（Sect. *Athyriopsis*）包括原假蹄盖蕨属根状茎横走的种类，武陵山区产4种，野外调查到2种，现有的分子系统学证据显示这些种类大部分难以得到较好的单系性支持，可能与该亚组种类广泛多倍化和相互杂交有关。

单叶对囊蕨（单叶双盖蕨）
***Deparia lancea* (Thunb.) Fraser-Jenk.**

Triblemma lancea (Thunb.) Ching

Diplazium subsinuatum (Wall. ex Hook. et Grev.) Tagawa

河南、安徽、江苏、浙江、江西、湖南、四川、重庆、贵州、云南、福建、台湾、广东、广西、海南、香港；日本、菲律宾、越南、缅甸、尼泊尔、印度、斯里兰卡。

单叶对囊蕨

美丽对囊蕨（美丽假蹄盖蕨）
***Deparia concinna* (Z. R. Wang) M. Kato**

湖南、湖北、四川、重庆、贵州、云南。

美丽对囊蕨

斜生对囊蕨（斜升假蹄盖蕨）
***Deparia dickasonii* M. Kato**（野外未见）

湖南假蹄盖蕨 *Athyriopsis hunanensis* Z. R. Wang & S. F. Wu

湖南、贵州、云南；缅甸。

毛叶对囊蕨（毛轴假蹄盖蕨）
Deparia petersenii (Kunze) M. Kato

Athyriopsis petersenii (Kunze) Ching

尾头假蹄盖蕨 *Athyriopsis attenuata* Ching

山东、河南、陕西、甘肃、安徽、江苏、浙江、江西、湖南、湖北、四川、重庆、贵州、云南、西藏、福建、台湾、广东、广西、海南、香港、澳门；日本、韩国、亚洲南部和东南部、大洋洲。

毛叶对囊蕨

钝羽对囊蕨（钝羽假蹄盖蕨）
Deparia conilii (Franch. et Sav.) M. Kato（野外未见）

山东、河南、甘肃、安徽、江苏、浙江、江西、湖南、湖北、台湾；日本、韩国。

钝羽对囊蕨

东洋对囊蕨（假蹄盖蕨）
Deparia japonica **(Thunb.) M. Kato**
Athyriopsis japonica (Thunb.) Ching

山东、河南、甘肃、安徽、江苏、上海、浙江、江西、湖南、湖北、四川、重庆、贵州、云南、福建、台湾、广东、广西、海南、香港、澳门；日本、韩国、缅甸、尼泊尔、印度。

东洋对囊蕨

狭叶对囊蕨（昆明假蹄盖蕨）
Deparia longipes **(Ching) Shinohara**

湖南、四川、云南、西藏、台湾。

狭叶对囊蕨

峨眉蕨组（Sect. *Lunanthyrium*）记载 2 种，华中峨眉蕨（*D. shennongensis*）叶基部多对羽片收缩，河北蛾眉蕨（*D. vegetior*）（原 *Lunathyrium acrostichoides*）仅 2~3 对羽片收缩。

河北对囊蕨（河北蛾眉蕨）

***Deparia vegetior* (Kitag.) X. C. Zhang**（野外未见）

蛾眉蕨 *Lunathyrium acrostichoides* (Sw.) Ching

河北、北京、山西、山东、河南、陕西、甘肃、湖北、湖南、四川、重庆。

河北对囊蕨

华中对囊蕨（华中蛾眉蕨）

***Deparia shennongensis* (Ching, Boufford et K. H. Shing) X. C. Zhang**

Lunathyrium shennongense Ching, Boufford & Shing

河北、河南、陕西、安徽、浙江、江西、湖南、湖北、四川、重庆、贵州、云南。

华中对囊蕨

直立介蕨组（Sect. ***Erectus***）仅产 1 种，直立介蕨（*D. erecta*），是原武陵山区记载的直立假蹄盖蕨（*Athyriopsis erecta*）。

直立对囊蕨（直立介蕨）
Deparia erecta **(Z. R. Wang) M. Kato**

Dryoathyrium erectum (Z. R. Wang) W. M. Chu et Z. R. Wang

节毛介蕨 *Dryoathyrium articulatipilosum* Ching & W. M. Chu ex Y. T. Hsieh

湖南、湖北、四川、重庆、贵州、云南。

直立对囊蕨

介蕨组（Sect. ***Dryoathyrium***），武陵山区产 8 种。原记载的镰小羽介蕨（*Dryoathyrium falcatipinnulum*），作者比较了产自四川峨眉山的模式标本和湖南桑植黄连台的标本，该种裂片长短不一，认为可能是自然杂交产生，桑植的标本并不典型；《武陵山维管植物检索表》中记载的节毛介蕨（*Dryoathyrium articulatipilosum*）已并入到直立介蕨组（Sect. *Erectus*）的直立介蕨（*Deparia erecta*）中。该地区由于介蕨属植物种类繁多，可能有广泛的自然杂交现象，导致物种之间过渡状态常见，也为标本鉴定造成较大的困难。

刺毛对囊蕨（刺毛介蕨）
Deparia setigera **(Ching ex Y. T. Hsieh) Z. R. Wang**（野外未见）

Dryoathyrium setigerum Ching ex Y. T. Hsieh

浙江、湖南、四川、重庆、贵州。

刺毛对囊蕨

鄂西对囊蕨（鄂西介蕨）
***Deparia henryi* (Baker) M. Kato**

Dryoathyrium henryi (Baker) Ching

河南、陕西、甘肃、安徽、湖南、湖北、四川、重庆、贵州、云南、福建。

鄂西对囊蕨

对囊蕨（介蕨）
***Deparia boryana* (Willd.) M. Kato**

Dryopteris boryana (Willd.) Ching

陕西、浙江、湖南、四川、重庆、贵州、云南、西藏、福建、台湾、广东、广西、海南；菲律宾、越南、缅甸、泰国、马来西亚、印度尼西亚、尼泊尔、印度、斯里兰卡、非洲。

对囊蕨

大久保对囊蕨（华中介蕨）

***Deparia okuboana* (Makino) M. Kato**

Dryoathyrium okuboanum (Makino) Ching

河南、陕西、甘肃、安徽、江苏、浙江、江西、湖南、湖北、四川、重庆、贵州、云南、福建、广东、广西；日本、越南。

大久保对囊蕨

绿叶对囊蕨（绿叶介蕨）

***Deparia viridifrons* (Makino) M. Kato**（野外未见）

Dryoathyrium viridifrons (Makino) Ching

浙江、江西、湖南、四川、重庆、贵州、云南、福建；日本、韩国。

川东对囊蕨（川东介蕨）

***Deparia stenopterum* (Christ) Z. R. Wang**

Dryoathyrium stenopterum (Christ) Ching ex Y. T. Hsieh

湖南、湖北、四川、重庆、贵州、云南。

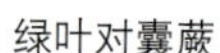

绿叶对囊蕨

川东对囊蕨

镰小羽对囊蕨（镰小羽介蕨）
***Deparia falcatipinnula* (Z. R. Wang) Z. R. Wang**
Dryoathyrium falcatipinnulum Z. R. Wang

湖南、四川。

单叉对囊蕨（峨眉介蕨）
***Deparia unifurcata* (Baker) M. Kato**
Dryoathyrium unifurcatum (Baker) Ching

陕西、浙江、湖南、湖北、四川、重庆、贵州、云南、台湾、广西；日本。

镰小羽对囊蕨　　单叉对囊蕨

蹄盖蕨属 *Athyrium*

包括假冷蕨属（*Pseudocystopteris*）、安蕨属和角蕨属等，名称变动很大，但该属仍是该地区山地林下一个常见的较大属，武陵山区有 34 种，野外调查到 22 种。长江蹄盖蕨（*Athyrium iseanum*）、胎生蹄盖蕨（*A. viviparum*）、华中蹄盖蕨（*A. wardii*）、湿生蹄盖蕨（*A. devolii*）等是当地的常见物种，在武陵山区各地广泛分布；原无柄蹄盖蕨（*A. sessile*）、近毛轴蹄盖蕨（*A. subpubicostatum*）、假轴果蹄盖蕨（*A. pseudoepirachis*）等 4 种并入贵州蹄盖蕨（*A. pubicostatum*）；原湘西蹄盖蕨（*A. xiangxiense*）并入裸囊蹄盖蕨（*A. pachyphyllum*）；原秦岭蹄盖蕨（*A. pellucidum*）并入峨眉蹄盖蕨（*A. omeiense*）；原西南蹄盖蕨（*A. austro-occidentale*）、滇中蹄盖蕨（*A. aridum*）已并入薄叶蹄盖蕨（*A. delicatulum*）；原溪边蹄盖蕨（*A. giganteum*）已并入溪边蹄盖蕨（*A. deltoidofrons*）；原天台山蹄盖蕨（*A. dissectifolium*）并入合欢山蹄盖蕨（*A. cryptogrammoides*）；原多刺蹄盖蕨（*A. spinosissimum*）、天子山蹄盖蕨（*A. tianzishanense*）并入胎生蹄盖蕨（*A. viviparum*）；疏叶蹄盖蕨、毛翼蹄盖蕨、阿里山蹄盖蕨、长尾蹄盖蕨等没有见到可靠的标本记录。

原安蕨属成员现都处理为蹄盖蕨属，包括日本蹄盖蕨（*Athyrium niponicum*）、华东安蕨（*A. sheareri*）以及近年中国大陆的新纪录种羽裂安蕨（*A.* × *saitoanum*）。羽裂安蕨是日本蹄盖蕨与华东安蕨的自然杂交种，为三倍体，模式产地在日本，近年来我们在湖南桑植八大公山自然保护区发现，与华东安蕨、日本安蕨生长在同一居群中，这是中国大陆首次发现。

原角蕨属现也处理为蹄盖蕨属，该类群羽轴与小羽轴或主脉分叉处有 1 角状肉质扁刺而得名，无囊群盖，武陵山区产3种。角蕨（*A. decurrenti-alatum*）根状茎横卧或细长横走，基部羽片的小羽片圆钝头，羽片两面光滑者为角蕨，叶背主脉被毛者为其变种毛叶角蕨（var. *pillosellum*），原《武陵山维管植物检索表》记录的腺毛角蕨（*Cornopteris glandulosa-pilosa*）已归于此种。此外，我们在湖南沅陵借母溪自然保护区还发现了尖羽角蕨（*C. christenseniana*），三回羽状深裂，基部羽片的小羽片渐尖头。

1. 中肋基部和分肋的近轴面具角状突起；囊群无盖；叶片二回羽状或二回深羽裂，小羽片羽状浅裂（原角蕨属 *Cornopteris*）。
  2. 下部羽片的小羽片尖头，羽状浅裂至羽状深裂………尖羽角蕨 *A.* × *christensenianum*
  2. 下部羽片的小羽片通常钝圆头，罕尖头，羽状浅裂至羽状分裂或（锯）齿状……
  ………………………………………………………………角蕨 *A. decurrenti-alatum*
    3. 叶无毛，或幼嫩时略有疏短节毛，后变光滑无毛或几无毛…………………………
    ………………………………………………角蕨（原变种）var. *decurrenti-alatum*
    3. 叶轴及羽片中脉下面显著宿存略卷曲的多细胞短节毛…………………………………
    ………………………………………………………………毛叶角蕨 var. *pillosellum*
1. 中肋基部和分肋无角状突起；囊群大多有盖。
  4. 叶脉网结，囊群小圆肾形（原安蕨属 *Anisocampium*）…………华东安蕨 *A. sheareri*
  4. 叶脉分离；囊群多样（马蹄形、"J"形或线形），偶圆肾形。
    5. 囊群小，圆肾形（原假冷蕨属 *Pseudocystopteris*）………大叶假冷蕨 *A. atkinsonii*
    5. 囊群大，细长形、马蹄形、或"J"形（原狭义蹄盖蕨属）。
      6. 基底对羽片略缩短；叶柄略短于叶片；囊群圆形或椭圆形，无盖………………
      ………………………………………………………………疏叶蹄盖蕨 *A. dissitifolium*
      6. 囊群椭圆形、短线形、"J"形、马蹄形或肾形；囊群盖宿存，罕不完整但可见，至少幼时可见。
        7. 根茎长或短横走，叶远生、近生或近直立。
          8. 根茎横走；叶近生……………………………………………羽裂安蕨 *A.*×*saitoanum*
          8. 根茎横卧、斜生或直立，叶近生。
            9. 根茎横卧或斜生；叶片卵状长圆形；羽片有柄；叶柄仅略短于叶片；囊群短线形、长圆形或狭"J"形…………………………日本安蕨 *A. niponicum*
            9. 根茎直立；叶片长圆形状披针形；羽片无柄或偶短柄；叶柄远短于叶片；囊群近圆形、椭圆形或肾形…………………………禾秆蹄盖蕨 *A. yokoscense*
        7. 根茎直立或斜升；叶簇生。
          10. 中肋（或分肋和中脉）在近轴面无刺，至多大型植株的中肋末端罕具极短的突起；孢子周壁具或无皱褶纹饰。
            11. 羽片基部显著扩大，不对称，上侧有耳凸，通常下侧楔形…………………
            ……………………………………………………………宿蹄盖蕨 *A. anisopterum*
            11. 羽片基部狭缩，不或略增宽，对称或近对称。
              12. 叶一回羽状，羽片 (7~) 8~12 对；囊群大多短线形；囊群盖退化，仅幼时可见…………………………………………裸囊蹄盖蕨 *A. pachyphyllum*
              12. 叶一回羽状羽片羽裂至二回羽状，羽片 18~25 对；囊群大多肾形、马蹄形、"J"形或长圆形；囊群盖宿存……………………希陶蹄盖蕨 *A. dentigerum*

10. 中肋（或含分肋和脉）基部的近轴面具或长或短的刺；孢子周壁无皱褶纹饰。

13. 囊群盖多形（“J”形、马蹄形、肾形、椭圆形或短线形），叶柄基部的鳞片通常黄棕色、棕色或暗棕色。

14. 上部羽片的小羽片或裂片上先出或近对生；叶轴和中肋为禾秆色，远轴面光滑或疏被柔毛；沿中肋的狭翅边缘或裂片间的缺刻光无毛。

15. 羽片（尤其叶片顶端）或小羽片反折 ············· 湿生蹄盖蕨 *A. devolii*

15. 羽片（尤其叶片顶端）或小羽片斜展或至多近平展。

16. 基底小羽片近对生，叶轴和中肋的背面疏被柔毛···溪边蹄盖蕨 *A. deltoidofrons*

16. 基底小羽片向上先出，叶轴和中肋的背面光滑·· 薄叶蹄盖蕨 *A. delicatulum*

14. 上部羽片的小羽片或裂片下先出或近对生；叶轴和中肋通常浅紫红色，偶禾秆色；远轴面被柔毛；中肋的狭翅边缘或裂片间的缺刻处疏柔毛或光滑。

17. 囊群盖通常肾形、圆状肾形或椭圆形；叶片广卵形，先端渐尖，基部羽片最大；鳞片黄棕色 ····························· 峨眉蹄盖蕨 *A. omeiense*

17. 囊群盖通常长圆形，“J”形或马蹄形；叶片通常长圆状卵形，先端骤尖或渐尖，基部 1 对羽片与第 2 对近相等或略大；鳞片棕色或暗棕色。

18. 羽片通常无柄，偶短柄，长小于 2mm，基底 3 或更多对羽片通常对生或近对生；中肋狭翅边缘或裂片间的缺刻通常疏被柔毛；囊群盖全缘···毛翼蹄盖蕨 *A. dubium*

18. 羽片显著有柄，柄长通常大于 2mm，互生，基部羽片近对生；中肋狭翅的边缘或裂片间的缺刻光滑或疏被柔毛；囊群盖近全缘或啮蚀状。

19. 中肋浅紫红色；叶薄草质，先端骤尖显著 ········ 尖头蹄盖蕨 *A. vidalii*

19. 中肋禾秆色；叶纸质，先端骤尖通常不显著···川滇蹄盖蕨 *A. mackinnonii*

13. 囊群盖通常短线形或长圆形；叶柄基部的鳞片通常黑色或暗棕色

20. 中肋和分肋上面具长刺，末回（基本的）中肋（脉）通常也具刺。

21. 叶片披针形至狭披针形；羽片通常大于 18 对；叶轴通常近先端具芽胞，偶尔无芽胞。

22. 小羽片三角状阔披针形；裂片边缘有极细齿·· 胎生蹄盖蕨 *A. viviparum*

22. 小羽片卵状长圆形；裂片显著齿，齿牙约 1mm·· 软刺蹄盖蕨 *A. strigillosum*

21. 叶片广卵形、卵形或披针形；羽片小于 15 对；叶轴通常近先端无芽胞，偶尔具珠芽。

23. 中部羽片的小羽片上先出··········· 合欢山蹄盖蕨 *A. cryptogrammoides*

23. 中部羽片的小羽片近对生··························长江蹄盖蕨 *A. iseanum*

20. 中肋具钻状刺，近轴面为短刺；分肋或中肋（脉）无刺，偶尔具极短刺。

24. 叶片广卵形或卵形，先端通常骤尖，偶尔狭卵形，先端短渐尖（头）；羽片通常显著有柄（柄长通常大于 2~3mm)。

25. 基部 2~3 对羽片的小羽片上先出，羽片显著有柄 (3~5mm)；叶轴和中肋远轴面光滑……………………………… 坡生蹄盖蕨 *A. clivicola*
25. 基部羽片的小羽片上先出，其余羽片的小羽片近对生或下先出，羽片短柄；叶轴和中肋远轴面被柔毛，罕光滑。
26. 叶片卵状长圆形，骤尖头以下的羽片 7 对或更多；中部通常小于 5mm 宽，近全缘；羽轴的下面疏被柔毛……………………………………………………………………………………短柄蹄盖蕨 *A. brevistipes*
26. 叶片三角形或三角状卵形，骤尖头以下的羽片约 5 对；小羽片中部通常大于 5mm 宽，具锯齿；中肋更有密被柔毛。
27. 基部羽片的基部增宽，基底小羽片最大；小羽片基部两侧具耳凸……………………………………………………………长柄蹄盖蕨 *A. longius*
27. 基部羽片的下部小羽片缩短；小羽片仅基部上侧具耳凸…………………………………………………………………………华中蹄盖蕨 *A. wardii*
28. 中肋背面被腺毛 ………………华中蹄盖蕨（原变种）var. *wardii*
28. 中肋背面光滑无毛…………………… 无毛华中蹄盖蕨 var. *glabratum*
24. 叶片长圆状卵形或披针形，偶尔卵形，先端渐尖，偶尔骤尖；羽片通常无柄或短柄（柄长小于 2mm）。
29. 基底小羽片覆盖叶轴。
30. 羽片渐尖头；小羽片钝头，边缘的齿牙平展…………………………………………………………………………… 翅轴蹄盖蕨 *A. delavayi*
30. 羽片尾状渐尖头；小羽片短渐尖头，边缘的齿牙偏斜………………………………………………………………………长尾蹄盖蕨 *A. caudiforme*
29. 基底小羽片不覆盖叶轴。
31. 叶片狭卵形或披针形，渐尖头。
32. 叶柄、叶轴和中肋浅紫红色；羽片短柄 (柄长 1~3mm) 或近无柄 ……………………………………………………… 轴果蹄盖蕨 *A. epirachis*
32. 叶柄，叶轴和中肋禾秆色；羽片无柄 ………………………………………………………………………… 贵州蹄盖蕨 *A. pubicostatum*
31. 叶片卵形或三角状卵形，偶尔狭卵形，略骤尖或短渐尖头。
33. 叶轴和中肋背面光滑；羽片无柄 ………… 光蹄盖蕨 *A. otophorum*
33. 叶轴和中肋背面被柔毛背面；羽片短柄 …………………………………………………………………………阿里山蹄盖蕨 *A. arisanense*

尖羽角蕨
***Athyrium* × *christensenianum* (Koidz.) Seriz.**

Cornopteris christenseniana (Koidz.) Tagawa

浙江、湖南；日本、韩国。

尖羽角蕨

角蕨

Athyrium decurrenti-alatum (Hook.) Copel.

Cornopteris decurrenti-alata (Hook.) Nakai

河南、甘肃、安徽、江苏、浙江、江西、湖南、四川、重庆、贵州、云南、福建、台湾、广东、广西；日本、韩国、不丹、尼泊尔、印度。

角蕨

毛叶角蕨

Athyrium decurrenti-alatum var. _pillosellum_ (H. Itô) Ohwi

Cornopteris decurrenti-alata var. *pillosella*

腺毛角蕨 *Cornopteris glandulosa-pilosa* S. F. Wu

浙江、江西、湖南、四川、贵州、云南；日本、韩国。

毛叶角蕨

华东安蕨
***Athyrium sheareri* (Baker) Ching**
Anisocampium sheareri (Baker) Ching

河南、甘肃、安徽、江苏、浙江、江西、湖南、湖北、四川、重庆、贵州、云南、福建、广东、广西；日本、韩国。

华东安蕨

大叶假冷蕨
***Athyrium atkinsonii* Bedd.**
Pseudocystopteris atkinsonii (Bedd.) Ching

山西、河南、陕西、甘肃、江西、湖南、湖北、四川、重庆、贵州、云南、西藏、福建、台湾；日本、韩国、缅甸、不丹、尼泊尔、印度、巴基斯坦、喜玛拉雅。

大叶假冷蕨

疏叶蹄盖蕨
***Athyrium dissitifolium* (Baker) C. Chr.**（野外未见）

湖南、四川、贵州、云南、广西；越南、缅甸、泰国、不丹、尼泊尔、印度。

羽裂安蕨（华日安蕨）
***Athyrium* × *saitoanum* (Sugim.) Seriz.**
Anisocampium × *saitoanum* (Sugim.) M. Kato

安徽、湖南；日本。

羽裂安蕨

日本安蕨（日本蹄盖蕨、华东蹄盖蕨）
***Athyrium niponicum* (Mett.) Hance**
Anisocampium niponicum (Mett.)Yea C. Liu

黑龙江、吉林、辽宁、河北、天津、北京、山西、山东、河南、陕西、宁夏、甘肃、安徽、江苏、上海、浙江、江西、湖南、湖北、四川、重庆、贵州、云南、福建、台湾、广东、广西；日本、韩国、越南、缅甸、尼泊尔、印度。

日本安蕨

禾秆蹄盖蕨
***Athyrium yokoscense* (Franch. et Sav.) Christ**（野外未见）

黑龙江、吉林、辽宁、河北、山东、河南、安徽、江苏、浙江、江西、湖南、重庆、贵州；日本、韩国、俄罗斯。

禾秆蹄盖蕨（照片拍自安徽）

宿蹄盖蕨
***Athyrium anisopterum* Christ**（野外未见）

甘肃、江西、湖南、四川、贵州、云南、西藏、台湾、广东、广西；菲律宾、越南、缅甸、泰国、马来西亚、印度尼西亚、爪哇、尼泊尔、印度、斯里兰卡。

宿蹄盖蕨

裸囊蹄盖蕨
***Athyrium pachyphyllum* Ching**（野外未见）
湘西蹄盖蕨 *Athyrium xiangxiense* S. F. Wu

辽宁、河北、湖南、贵州、云南。

希陶蹄盖蕨
***Athyrium dentigerum* (Wall. ex C. B. Clarke) Mehra et Bir**（野外未见）

甘肃、四川、贵州、云南、西藏；缅甸、印度。

湿生蹄盖蕨
***Athyrium devolii* Ching**

浙江、江西、湖南、四川、重庆、贵州、云南、西藏、福建、广西。

湿生蹄盖蕨

溪边蹄盖蕨
***Athyrium deltoidofrons* Makino**
Athyrium giganteum de Vol

浙江、江西、湖南、四川、重庆、贵州、福建；日本、韩国。

薄叶蹄盖蕨
***Athyrium delicatulum* Ching et S. K. Wu, C. Y. Wu**
滇中蹄盖蕨 *Athyrium aridum* Ching
西南蹄盖蕨 *Athyrium austrooccidentale* Ching

四川、重庆、贵州、云南、西藏、广西。

溪边蹄盖蕨

薄叶蹄盖蕨

峨眉蹄盖蕨
***Athyrium omeiense* Ching**
秦岭蹄盖蕨 *Athyrium pellucidum* Ching

陕西、甘肃、江西、湖南、湖北、四川、重庆、贵州、云南。

毛翼蹄盖蕨
***Athyrium dubium* Ching（野外未见）**

湖南、四川、贵州、云南、西藏；印度。

峨眉蹄盖蕨

尖头蹄盖蕨
***Athyrium vidalii* (Franch. et Sav.) Nakai**

河南、陕西、甘肃、安徽、浙江、江西、湖南、湖北、四川、重庆、贵州、云南、福建、台湾、广西；日本、韩国。

尖头蹄盖蕨

川滇蹄盖蕨
***Athyrium mackinnonii* (C. Hope) C. Chr.**

陕西、甘肃、湖南、湖北、四川、重庆、贵州、云南、西藏、广西；越南、缅甸、泰国、尼泊尔、印度、巴基斯坦、阿富汗。

胎生蹄盖蕨
***Athyrium viviparum* Christ**

多刺蹄盖蕨 *Athyrium spinosissimum* Ching

天子山蹄盖蕨 *Athyrium tianzishanense* S. F. Wu & L. F. Zhang

江西、湖南、四川、重庆、贵州、云南、广东、广西。

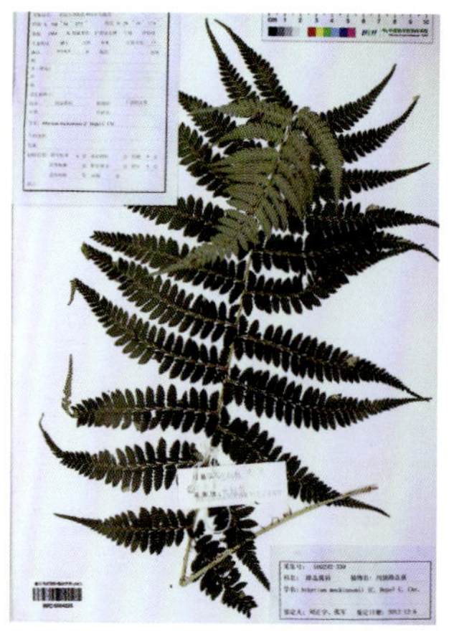

川滇蹄盖蕨

胎生蹄盖蕨

软刺蹄盖蕨
***Athyrium strigillosum* (E. J. Lowe) T. Moore ex Salomon**

江西、湖南、四川、重庆、贵州、云南、西藏、台湾、广东、广西；日本、越南、缅甸、不丹、尼泊尔、印度。

合欢山蹄盖蕨
***Athyrium cryptogrammoides* Hayata**
天台山蹄盖蕨 *Athyrium dissectifolium* Ching

浙江、湖南、湖北、贵州、台湾、广西；日本。

长江蹄盖蕨
***Athyrium iseanum* Rosenst.**

安徽、江苏、浙江、江西、湖南、湖北、四川、重庆、贵州、云南、西藏、福建、台湾、广东、广西；日本、韩国。

软刺蹄盖蕨

合欢山蹄盖蕨

长江蹄盖蕨

坡生蹄盖蕨
***Athyrium clivicola* Tagawa**

安徽、浙江、江西、湖南、湖北、四川、重庆、贵州、福建、台湾、广西；日本、韩国。

坡生蹄盖蕨

短柄蹄盖蕨
***Athyrium brevistipes* Ching**（野外未见）

陕西、湖南、湖北、四川、重庆、贵州。

长柄蹄盖蕨
***Athyrium longius* Ching**（野外未见）

湖南、贵州。

短柄蹄盖蕨

长柄蹄盖蕨

华中蹄盖蕨
***Athyrium wardii* (Hook.) Makino**

安徽、浙江、江西、湖南、湖北、四川、重庆、贵州、云南、福建、广西；日本、韩国。

华中蹄盖蕨

无毛华中蹄盖蕨
***Athyrium wardii* var. *glabratum* Y. T. Hsieh et Z. R. Wang**（野外未见）

浙江、湖南、福建。

翅轴蹄盖蕨
***Athyrium delavayi* Christ**

湖北、四川、重庆、贵州、云南、台湾、广西；缅甸、印度。

翅轴蹄盖蕨

长尾蹄盖蕨
Athyrium caudiforme **Ching**（野外未见）

湖南、四川。

长尾蹄盖蕨

轴果蹄盖蕨
Athyrium epirachis **(Christ) Ching**（野外未见）

湖南、湖北、四川、重庆、贵州、云南、福建、台湾、广东、广西；日本。

轴果蹄盖蕨

贵州蹄盖蕨
Athyrium pubicostatum **Ching et Z.Y.Liu**

假轴果蹄盖蕨 *Athyrium pseudoepirachis* Ching
近毛轴蹄盖蕨 *Athyrium subpubicostatum* Ching & Z. Y. Liu
无柄蹄盖蕨 *Athyrium sessile* Ching

湖南、湖北、四川、重庆、贵州、云南、福建、台湾、广西。

贵州蹄盖蕨

光蹄盖蕨
Athyrium otophorum **(Miq.) Koidz.**

安徽、浙江、江西、湖南、湖北、四川、重庆、贵州、云南、福建、台湾、广东、广西；日本、韩国。

光蹄盖蕨

阿里山蹄盖蕨
Athyrium arisanense **(Hayata) Tagawa**（野外未见）

四川、贵州、台湾；日本。

阿里山蹄盖蕨

乌毛蕨科 Blechnaceae（3/5）

土生或附生草本植物，或为灌木状。根状茎横走或直立，偶有横卧或斜升，或为树干状的直立主轴（如苏铁蕨属和扫把蕨属），有网状中柱，被具细密筛孔的全缘、红棕色鳞片。叶一型或二型；叶片一至二回羽裂，罕为单叶，厚纸质至革质，无毛或常被小鳞片。叶脉分离或网状，如为分离则小脉单一或分叉平行，如为网状则小脉常沿主脉两侧各形成 1~3 行多角形网眼，无内藏小脉，网眼外的小脉分离，直达叶缘。孢子囊群为线形汇生囊群，或椭圆形，着生于与主脉平行的小脉上或网眼外侧的小脉上，靠近主脉；囊群盖同形，开向主脉，少无盖。孢子囊大，环带纵行而于基部中断。孢子椭圆形，两侧对称，单裂缝，具周壁，常形成褶皱，上面分布有颗粒，外壁表面光滑或纹饰模糊。

全世界乌毛蕨科分为 3 亚科 24 属约 265 种，世界广布。中国产 7 属 [FOC 中的崇澍蕨属（*Chieniopteris*）并入狗脊属]15 种。武陵山区产 3 属 5 种。

狗脊亚科 Subfamily Woodwardioideae

狗脊蕨属 *Woodwardia*

为单系属，全世界约 13 种，武陵山区产 3 种。狗脊（*Woodwardia japonica*）和单芽狗脊（*W. unigemmata*）是当地常见的狗脊属植物，前者为酸性土，羽片末回裂片有网状叶脉 2~3 行，后者为石灰岩林下土生或石缝生植物，羽片末回裂片的网状叶脉 1~2 行，叶轴顶端有芽孢。在武陵山区南部会同还产东方狗脊（*W. orientalis*），酸性土植物，羽片上表面中脉上着生密生多个芽孢。

1. 叶轴近先端有一大芽胞……………………………………… 顶芽狗脊 *W. unigemmata*
1. 叶轴无上述芽胞。
  2. 下部羽片的基部不对称，下侧的 1 枚裂片缺失；囊群下陷，新月形或椭圆形……
  ……………………………………………………………………东方狗脊 *W. orientalis*
  2. 下部羽片的基部多少对称，基底对裂片缩短；囊群不下陷，线形…………………
  ……………………………………………………………………………狗脊 *W. japonica*

顶芽狗脊
Woodwardia unigemmata **(Makino) Nakai**

河南、陕西、甘肃、江西、湖南、湖北、四川、重庆、贵州、云南、西藏、福建、台湾、广东、广西、香港；日本、菲律宾、越南、缅甸、不丹、尼泊尔、印度、巴基斯坦。

顶芽狗脊

东方狗脊
Woodwardia orientalis Sw.

安徽、浙江、江西、湖南、福建、台湾、广东、广西、香港；日本、菲律宾。

狗脊
Woodwardia japonica (L. f.) Smith

广布于长江以南、台湾；日本、韩国、越南。

东方狗脊

狗脊

乌毛蕨亚科 Subfamily Blechnoideae

乌毛蕨属 *Blechnum*

乌毛蕨属在以往的记载中均使用 *Blechnum* 名称，但根据 PPG I 最新研究，真正的 *Blechnum* 中国不产。全世界产 2 种，广泛分布于热带亚洲及大洋洲。中国产乌毛蕨（*Blechnopsis orientalis*）1 种。

乌毛蕨
***Blechnopsis orientalis* (L.) C. Presl**

浙江、江西、湖南、四川、重庆、贵州、云南、西藏、福建、台湾、广东、广西、海南、香港、澳门；日本、澳大利亚、太平洋岛屿、亚洲热带。

乌毛蕨

荚囊蕨属 *Struthiopteris*

为单系属，全世界仅 5 种，武陵山区产 1 种——荚囊蕨（*Struthiopteris eburnea*）。该种为中国华中地区石灰岩地区特有植物，一回羽状，孢子叶和营养叶二型，形态独特，是武陵山区石灰岩滴水石壁上的特色物种。

荚囊蕨
***Struthiopteris eburnea* (Christ) Ching**

安徽、浙江、湖南、湖北、四川、重庆、贵州、福建、台湾、广东、广西。

荚囊蕨

球子蕨科 Onocleaceae（1/2）

土生植物。根状茎粗短，直立或横走，被膜质的卵状披针形至披针形鳞片。叶二型：不育叶绿色，一回羽状或二回深羽裂，羽片线状披针形至阔披针形，无柄，羽裂深达1/2，叶脉羽状，分离或联结成网状，无内藏小脉；能育叶椭圆形至线形，一回羽状，羽片强度反卷成荚果状、圆柱状或球圆形，叶脉分离，能育的末回小脉的先端常突起成囊托。孢子囊群圆形，着生于囊托上；囊群盖下位或为无盖，外为反卷的变质叶片包被。孢子囊：球圆形，有长柄，环带由36~40个增厚细胞组成，纵行。孢子两侧对称，单裂缝，不具边缘。

全世界有4属5种，分布于南半球的温带及墨西哥；中国产3属5种；武陵山区产1属2种。

东方荚果蕨属 *Pentarhizidium*

原属于荚果蕨属（*Matteuccia*），基部羽片不收缩或略收缩，羽轴上面隆起无沟槽。东方荚果蕨（*Pentarhizidium orientalis*）叶片基部不变狭，下部羽片不收缩，囊群盖膜质，在武陵山区海拔800m以上山地广泛分布；中华荚果蕨（*P. intermeium*）叶片基部变狭，下部羽片2~3对稍缩短，不具囊群盖，在武陵山区北部湖南石门等地有记载，但未见标本。另外主产北方的荚果蕨（*Matteuccia struthiopteris*）在与秭归县相邻的宜昌夷陵区有分布，我们推测在秭归和巴东等地也可能有荚果蕨分布。

1. 羽片2~3.5cm宽；囊群有盖 ································ 东方荚果蕨 *P. orientale*
1. 羽片1.5~1.8cm宽；囊群无盖 ····························· 中华荚果蕨 *P. intermedium*

东方荚果蕨
Pentarhizidium orientale (Hook.) Hayata

吉林、河南、陕西、甘肃、安徽、浙江、江西、湖南、湖北、四川、重庆、贵州、西藏、福建、台湾、广东、广西；日本、韩国、印度、俄罗斯。

东方荚果蕨

中华荚果蕨
***Pentarhizidium intermedium* (C. Chr.) Hayata**

Matteuccia intermedia C. Ch.

河北、山西、河南、陕西、甘肃、青海、湖南、湖北、四川、重庆、贵州、云南、西藏；尼泊尔、印度。

中华荚果蕨

肿足蕨科 Hypodematiaceae（1/4）

中小型旱生植物，石灰岩缝生，少土生。根状茎粗壮，短而横卧或斜升，或长而横走，连同叶柄膨大的基部密被蓬松的大鳞片，鳞片长卵状披针形少线状披针形，先端长渐尖，毛发状淡棕色，有光泽，宿存。叶柄禾秆色或棕禾秆色，基部膨大成梭形没于鳞片中（肿足蕨）或形成关节（大膜盖蕨）；叶片卵状长圆形至五角状卵形，先端渐尖并羽裂，三至四回羽状或五回羽裂，通常基部1对羽片最大，各回小羽片上先出；叶脉分离，侧脉单一或分叉；叶草质或纸质，两面连同叶轴和各回羽轴通常被灰白色的单细胞柔毛或针状毛。孢子囊群圆形，背生于侧脉中部；囊群盖特大，膜质，灰白色或淡棕色，圆肾形或马蹄形，背面多少有针毛或腺毛，宿存。孢子囊具长柄，环带纵行。孢子两面型，圆肾形，单裂缝，具周壁；周壁条纹状或环状褶皱。

全世界有2属约22种，产亚洲和非洲的亚热带和暖温带。中国产2属13种。武陵山区产1属4种。

肿足蕨属 *Pentarhizidium*

在武陵山区记载4种，其中一种是我们野外新发现的鳞毛肿足蕨（*Hypodematium squmuloso-pilosum*），这是肿足蕨科中一特异种类，羽轴及小羽轴上除密被柔毛外，常混生有红棕色线形小鳞片，在武陵山区石灰岩石壁上有分布。肿足蕨属各物种间形态区别较小，辨识度抵，尚需要更深入的研究。

1\. 叶片背面多少被棒形（球杆状）腺毛 ……………………………福氏肿足蕨 *H. fordii*
1\. 叶片背面不被棒形（球杆状）腺毛。
  2\. 囊群盖被稀疏短毛；叶柄被灰白色毛，叶轴和中肋密被毛并混生稀的红棕色线状披针形鳞片……………………………………… 鳞毛肿足蕨 *H. squamuloso-pilosum*
  2\. 囊群盖密被灰白色针状毛。
    3\. 叶柄和叶轴密被毛 …………………………………………………… 肿足蕨 *H. crenatum*
    3\. 叶柄除了基部外光滑无毛，叶片背面具红棕色和披针形鳞片 ……………………………………………………………………………光轴肿足蕨 *H. hirsutum*

福氏肿足蕨
Hypodematium fordii (Baker) Ching

安徽、江苏、江西、湖南、湖北、贵州、福建、广东、广西；日本。

福氏肿足蕨

鳞毛肿足蕨
***Hypodematium squamuloso-pilosum* Ching**

河北、北京、山西、山东、安徽、江苏、浙江、江西、湖南、湖北、贵州、福建。

鳞毛肿足蕨

肿足蕨
***Hypodematium crenatum* (Forssk.) Kuhn & Decken**

北京、河南、甘肃、安徽、浙江、江西、湖南、四川、重庆、贵州、云南、台湾、广东、广西；日本、菲律宾、缅甸、马来西亚、印度、亚洲西南和亚热带地区、非洲。

肿足蕨

光轴肿足蕨
***Hypodematium hirsutum* (D. Don) Ching**（野外未见）

河南、陕西、甘肃、湖南、湖北、四川、贵州、云南、西藏、广东；缅甸、不丹、尼泊尔、印度。

鳞毛蕨科 Dryopteridaceae（7/150）

小型或大型草本植物，常绿或落叶，土生、石生或附生。根状茎直立、斜升或横走，或攀缘；网状中柱，密被鳞片，鳞片基部着生，少盾状着生，多为非窗格状鳞片，全缘或有锯齿；鳞片细胞数目多，形态多样性。叶柄一般无关节，密被鳞片；叶形变化大；小羽片有上先出或下先出的差别，羽片一型或二型，单叶或一至五回羽状分裂，被各形鳞片或被毛，各回羽轴上面有沟；叶脉分离、羽状或网结，网眼内有或无游离小脉。孢子囊群长圆形或有时满布可育叶背面，顶生或近顶生小脉顶端；具囊群盖，少无盖，盖圆形或肾形，无柄或有短柄，全缘或有齿。孢子囊：行环带，具长或短柄。孢子单裂缝，非绿色孢子，具周壁。

全世界有 3 亚科 26 属 2115 种，世界广布，主产东亚（鳞毛蕨属、耳蕨属）和新大陆地区（肋毛蕨属、舌蕨属）。中国产 2 亚科 11 属 [含黄腺羽蕨属（*Pleocnemia*）] 505 种。武陵山区产 7 属 150 种。

鳞毛蕨亚科 Subfamily Dryopteridoideae

复叶耳蕨属 *Arachniodes*

包括秦仁昌系统中的复叶耳蕨属、毛枝蕨属（*Leptorumohra*）和黔蕨属（*Phanerophlebiopsis*），该属以根状茎横走，叶散生，各回小羽片上先出为主要特征，由于羽片形态变化较大，物种之间界限不明显，分类较为困难。武陵山区产 22 种，野外调查到 187 种。

复叶耳蕨属在武陵山区广泛分布，是中低海拔山地林下的常见类群。中华复叶耳蕨（*Arachniodes chinensis*）、斜方复叶耳蕨（*A. rhomboidea*）、异羽复叶耳蕨（*A. simplicior*）、刺头复叶耳蕨（*A. exilis*）等是当地分布广泛、非常常见的种类。多羽复叶耳蕨（A. amoena）是该属中一个形态独特的物种，叶柄基部及根状茎密被红棕色卵状披针形大鳞片，在武陵山区广泛分布；华南复叶耳蕨（*A. festina*）的形态也是非常特别，根状茎及叶柄基部被棕色阔披针形鳞片，叶片四回羽状细裂，末回裂片边缘仅具尖齿或钝齿，无该属其他种类的芒刺，在武陵山区各地峡谷阴湿处偶见；贵州复叶耳蕨（日本复叶耳蕨）（*Arachniodes nipponica*）也是叶片四回羽裂的特异种类，其末回裂片的背面密被紧贴的多细胞毛；武陵山复叶耳蕨（*A. wulingshanensis*）是模式产于湖南永顺小溪（Type：植物所武陵队 00745，PE！）的一个特有物种，叶片下部二回羽状，上部一回羽状，侧生羽片线状披针形，形态独特。作者在贵州江口梵净山再次采集到该植物，经观察推测，该种可能是复叶耳蕨属植物和黔蕨属自然杂交后代，但具体的亲本来源需要进一步研究；壶瓶山复叶耳蕨（*A. hupingshanensis*）为模式产自湖南石门壶瓶山（Type：吴世福等 1243，PE！）的一个特有植物，植株形体较高大，羽片三至四回羽状，作者查看了模式标本，认同目前已处理为中华斜方复叶耳蕨（*A. sinorhomboidea*）的观点。

分子系统证据显示原秦仁昌系统中的黔蕨属为广义复叶耳蕨属植物的一个分支，过去曾记载湖南黔蕨（*P. hunanensis*）、中间黔蕨（*P. intermedia*）、重齿黔蕨（*P. duplicato-serrata*）和大羽黔蕨（*P. kwichowensis*）等 4 种，现重齿黔蕨、大羽黔蕨被归并于粗齿黔蕨（*Arachniodes blinii*）中；湖南黔蕨和中间黔蕨因缺少研究而认为可能是粗齿黔蕨的变异；我们检查了多份湖南永顺产的黔蕨属植物标本，发现这些标本的形态的确变化较大，缺少支持物种独立存在的稳定特征。我们没有见到产自武陵山区记载的东洋复叶耳蕨（*A. yoshinagae*）的相关标本，经查看该种在日本的标本和相关文献（四倍体有性生殖），该种可能为黔蕨属植物，与湖南南部产的二回黔蕨是同一物种。

毛枝蕨（*A. miqueliana*）和四回毛枝蕨（*A. quadripinnata*）因其叶片草质、羽轴上密被单细胞短毛原属于毛枝蕨属，但其根状茎横走、各回羽片上先出等特征与复叶耳蕨属无异，现分子系统学证据显示毛枝蕨属和复叶耳蕨属植物为单系类群。我们未在野外见到无鳞毛枝蕨（*A. sinomiqueliana*）的活植物，但秦仁昌鉴定了一份采自贵州印江的标本，湖南东安舜皇山也有标本采集。

1. 根茎纤细和长横走；叶草质，相当薄且通常软；轴和主脉上面具淡灰色单细胞的针状毛（原毛枝蕨属 *Leptorumohra*）。
  2. 囊群盖全缘；主脉背面具广卵形和基部为泡状的鳞片；叶柄和叶轴具较多的鳞片……………………………………………………………… 毛枝蕨 *A. miqueliana*
  2. 囊群盖具纤毛或全缘；主脉背面具狭披针形或毛状和基部平直的鳞片；叶柄上部和叶轴近光滑无毛。
    3. 叶片五角形，四或五回羽状，先端显著急狭缩并渐尖，干时褐绿色……………………………………………………………………… 四回毛枝蕨 *A. quadripinnata*
    3. 叶片三角状五角形，三回羽状分裂，上部为长渐尖头，干时黄绿色……………………………………………………………………… 无鳞毛枝蕨 *A. sinomiqueliana*
1. 根茎通常粗壮，横走至斜升或直立；叶纸质至革质，或罕草质，尤其幼时；轴和主脉上面近光滑无毛的或具鳞片，但不为单细胞的毛。
  4. 叶片长圆状披针形，一回羽状；羽片披针形；分离的末回裂片（羽片）基部楔形近对称（原黔蕨属 *Phanerophlebiopsis*）………………………… 粗齿黔蕨 *A.blinii*
  4. 叶片三角形，卵形或五角形，二至四或五回羽状；羽片通常三角形或卵状披针形；分离，末回裂片通常基部不对称，具上侧的为耳状。
    5. 根茎和叶柄基部具有光泽栗色，卵状披针形和厚的坚纸质鳞片；叶柄向上和叶轴通体近光滑无毛的和有光泽…………………………… 美丽复叶耳蕨 *A. amoena*
    5. 根茎和叶柄基部具黑色，灰色或红棕色的卵状披针形、披针形、线状披针形或纤维状和膜质或薄纸质鳞片；叶柄向上和叶轴通体多少具鳞片和通常无光泽。
      6. 根茎木质，连同叶柄基部具线状披针形、披针形或钻形和坚硬的厚鳞片。
        7. 叶片先端为急狭缩的渐尖，1 枚与侧生羽片同形的顶生羽片。
          8. 叶片成熟时相对较小和分裂度较少，二或三回羽状，下部羽片的基部具 1 或 2 对伸长和一回羽状的小羽片………………… 长尾复叶耳蕨 *A.simplicior*
          8. 叶片相对较大和更多分裂，基部四回羽状，下部羽片的基部具 2~3 对伸长和一至二回羽状的小羽片………………… 紫云山复叶耳蕨 *A. ziyunshanensis*
        7. 叶片渐尖头、急渐尖头，渐狭缩呈 1 与侧生羽片不同形的先端。
          9. 叶片二回或三回羽状；叶柄基部以上和叶轴通体具棕色或暗棕色，线状披针形至钻形，基部具细齿的，贴生鳞片。
            10. 叶片先端尾状渐尖；下部羽片的基部具伸长的小羽片……………………………………………………………… 刺头复叶耳蕨 *A. aristata*

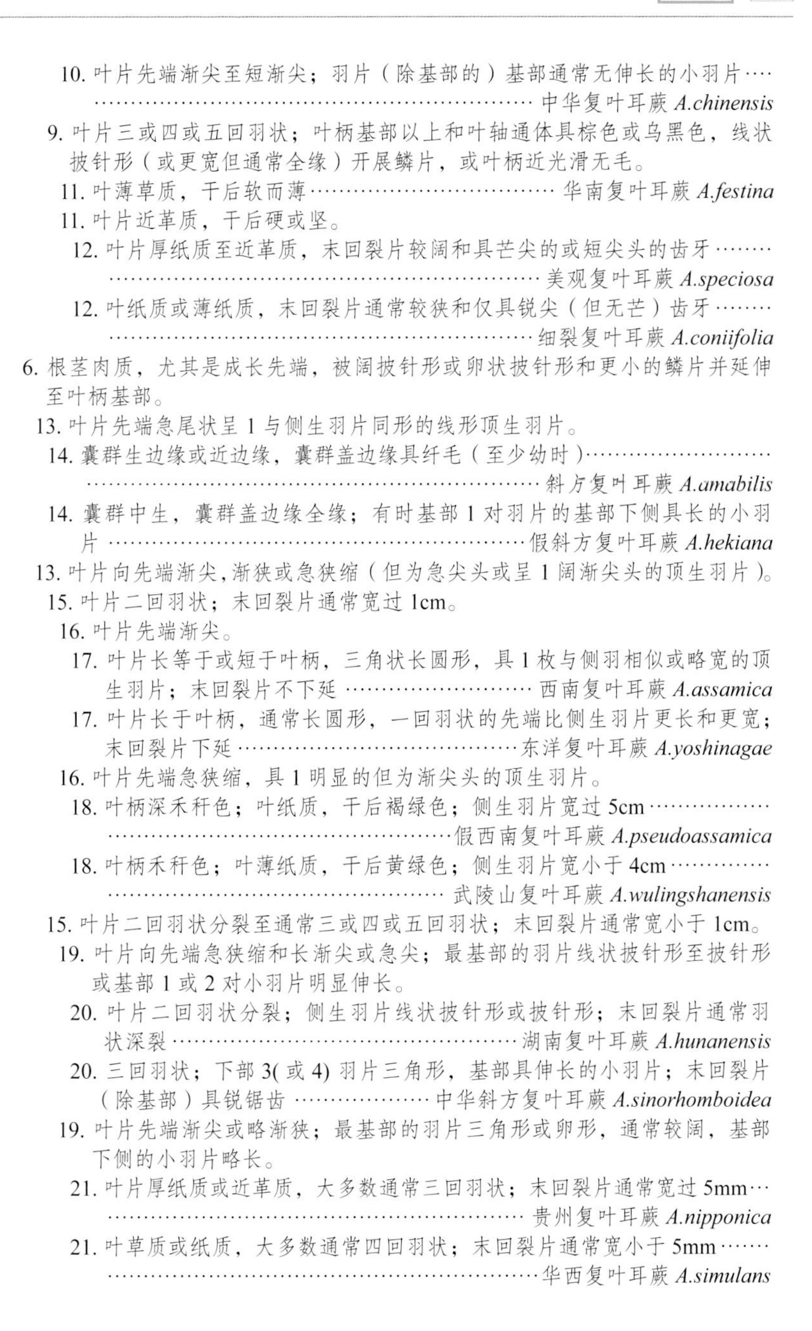

10. 叶片先端渐尖至短渐尖；羽片（除基部的）基部通常无伸长的小羽片……………………………………………………………… 中华复叶耳蕨 *A.chinensis*
9. 叶片三或四或五回羽状；叶柄基部以上和叶轴通体具棕色或乌黑色，线状披针形（或更宽但通常全缘）开展鳞片，或叶柄近光滑无毛。
11. 叶薄草质，干后软而薄 …………………………… 华南复叶耳蕨 *A.festina*
11. 叶片近革质，干后硬或坚。
12. 叶片厚纸质至近革质，末回裂片较阔和具芒尖的或短尖头的齿牙……………………………………………………………… 美观复叶耳蕨 *A.speciosa*
12. 叶纸质或薄纸质，末回裂片通常较狭和仅具锐尖（但无芒）齿牙……………………………………………………………… 细裂复叶耳蕨 *A.coniifolia*
6. 根茎肉质，尤其是成长先端，被阔披针形或卵状披针形和更小的鳞片并延伸至叶柄基部。
13. 叶片先端急尾状呈 1 与侧生羽片同形的线形顶生羽片。
14. 囊群生边缘或近边缘，囊群盖边缘具纤毛（至少幼时）……………………………………………………………… 斜方复叶耳蕨 *A.amabilis*
14. 囊群中生，囊群盖边缘全缘；有时基部 1 对羽片的基部下侧具长的小羽片 ……………………………………………… 假斜方复叶耳蕨 *A.hekiana*
13. 叶片向先端渐尖,渐狭或急狭缩（但为急尖头或呈 1 阔渐尖头的顶生羽片）。
15. 叶片二回羽状；末回裂片通常宽过 1cm。
16. 叶片先端渐尖。
17. 叶片长等于或短于叶柄，三角状长圆形，具 1 枚与侧羽相似或略宽的顶生羽片；末回裂片不下延 ……………………… 西南复叶耳蕨 *A.assamica*
17. 叶片长于叶柄，通常长圆形，一回羽状的先端比侧生羽片更长和更宽；末回裂片下延 ………………………………东洋复叶耳蕨 *A.yoshinagae*
16. 叶片先端急狭缩，具 1 明显的但为渐尖头的顶生羽片。
18. 叶柄深禾秆色；叶纸质，干后褐绿色；侧生羽片宽过 5cm ……………………………………………………假西南复叶耳蕨 *A.pseudoassamica*
18. 叶柄禾秆色；叶薄纸质，干后黄绿色；侧生羽片宽小于 4cm ……………………………………………… 武陵山复叶耳蕨 *A.wulingshanensis*
15. 叶片二回羽状分裂至通常三或四或五回羽状；末回裂片通常宽小于 1cm。
19. 叶片向先端急狭缩和长渐尖或急尖；最基部的羽片线状披针形至披针形或基部 1 或 2 对小羽片明显伸长。
20. 叶片二回羽状分裂；侧生羽片线状披针形或披针形；末回裂片通常羽状深裂 ……………………………………湖南复叶耳蕨 *A.hunanensis*
20. 三回羽状；下部 3(或 4) 羽片三角形，基部具伸长的小羽片；末回裂片（除基部）具锐锯齿 ………………… 中华斜方复叶耳蕨 *A.sinorhomboidea*
19. 叶片先端渐尖或略渐狭；最基部的羽片三角形或卵形，通常较阔，基部下侧的小羽片略长。
21. 叶片厚纸质或近革质，大多数通常三回羽状；末回裂片通常宽过 5mm……………………………………………………………… 贵州复叶耳蕨 *A.nipponica*
21. 叶草质或纸质，大多数通常四回羽状；末回裂片通常宽小于 5mm……………………………………………………………… 华西复叶耳蕨 *A.simulans*

毛枝蕨

Arachniodes miqueliana (Maxim. ex Franch. et Sav.) Ohwi

Leptorumohra miqueliana (Maxim. ex Franch. et Sav.) H. Itô

吉林、辽宁、安徽、浙江、江西、湖南、四川、重庆、贵州、云南；日本、韩国。

毛枝蕨

四回毛枝蕨

Arachniodes quadripinnata (Hayata) Seriz.

安徽、江西、四川、重庆、贵州、云南、台湾、广西；日本。

四回毛枝蕨

无鳞毛枝蕨

Arachniodes sinomiqueliana (Ching) Ohwi

Leptorumohra sinomiqueliana (Ching) Tagawa

浙江、江西、湖南、四川、重庆、贵州、云南；日本。

无鳞毛枝蕨

粗齿黔蕨
***Arachniodes blinii* (H. Lév.) T. Nakaike**

Phanerophlebiopsis blinii (H. Lév.) Ching

大羽黔蕨 *Phanerophlebiopsis kweichowensis* Ching

重齿黔蕨 *Arachniodes duplicatoserrata* (Ching) T. Nakaike

江西、湖南、重庆、贵州、广东、广西。

粗齿黔蕨

美丽复叶耳蕨（多羽复叶耳蕨）
***Arachniodes amoena* (Ching) Ching**

浙江、江西、湖南、贵州、福建、广东、广西。

美丽复叶耳蕨

长尾复叶耳蕨（异羽复叶耳蕨）
Arachniodes simplicior (Makino) Ohwi

多矩复叶耳蕨 *Arachniodes calcarata* Ching

溧阳复叶耳蕨 *Arachniodes liyangensis* Ching & Y. C. Lan

福建复叶耳蕨 *Arachniodes fujianensis* Ching

河南、陕西、甘肃、安徽、江苏、浙江、江西、湖南、湖北、四川、重庆、贵州、云南、西藏、福建、广东、广西；日本。

长尾复叶耳蕨

紫云山复叶耳蕨
Arachniodes ziyunshanensis Y. T. Hsieh

假长尾复叶耳蕨 *Arachniodes pseudosimplicior* Ching

浙江、湖南、四川、重庆、贵州、云南。

紫云山复叶耳蕨

刺头复叶耳蕨
Arachniodes aristata (G. Forst.) Tindale

Rumohra aristata (G. Forst.) Ching

山东、河南、安徽、江苏、浙江、江西、湖南、贵州、云南、福建、台湾、广东、广西；日本、韩国、菲律宾、马来西亚、尼泊尔、印度、澳大利亚、太平洋岛屿。

刺头复叶耳蕨

中华复叶耳蕨
Arachniodes chinensis (Rosenst.) Ching

急尖复叶耳蕨 *Arachniodes abrupta* Ching

大型长尾复叶耳蕨 *Arachniodes simplicior* (Makino) Ohwi var. *major* (Tagawa) Ohwi

花坪复叶耳蕨 *Arachniodes huapingensis* Ching

尾形复叶耳蕨 *Arachniodes caudata* Ching

安徽、浙江、江西、湖南、四川、重庆、贵州、云南、福建、台湾、广东、广西、海南、澳门；日本、越南、泰国、马来西亚、印度尼西亚。

中华复叶耳蕨

华南复叶耳蕨
Arachniodes festina (Hance) Ching

河南、浙江、江西、湖南、四川、贵州、云南、福建、台湾、广东、广西；越南。

华南复叶耳蕨

美观复叶耳蕨
Arachniodes speciosa (D. Don) Ching

甘肃复叶耳蕨 *Arachniodes kansuensis* (Ching) Y. T. Hsieh
华东复叶耳蕨 *Arachniodes pseudoaristata* (Tagawa) Ohwi
多裂复叶耳蕨 *Arachniodes multifida* Ching

甘肃、安徽、江苏、浙江、江西、湖南、湖北、四川、重庆、贵州、云南、福建、台湾、广东、广西、海南；日本、越南、泰国、不丹、尼泊尔、印度、新几内亚。

美观复叶耳蕨

细裂复叶耳蕨
Arachniodes coniifolia (T. Moore) Ching

四川、重庆、贵州、云南、西藏、广西；不丹、尼泊尔、印度。

细裂复叶耳蕨

斜方复叶耳蕨
Arachniodes amabilis (Blume) Tindale

安徽、江苏、浙江、江西、湖南、湖北、四川、重庆、贵州、云南、福建、台湾、广东、广西、海南、香港；日本、韩国、菲律宾、印度尼西亚、尼泊尔、印度、斯里兰卡。

假斜方复叶耳蕨
Arachniodes hekiana Sa. Kurata

尾叶复叶耳蕨 *Arachniodes caudifolia* Ching & Y. T. Hsieh

中华斜方复叶耳蕨 *Arachniodes rhomboidea* (Schott) Ching var. *sinica* Ching

安徽、浙江、湖南、四川、重庆、贵州、云南、福建、广东、广西；日本。

斜方复叶耳蕨

假斜方复叶耳蕨

西南复叶耳蕨
***Arachniodes assamica* (Kuhn) Ohwi**（野外未见）

湖南、四川、重庆、贵州、云南、西藏、广西；越南、缅甸、泰国、尼泊尔、印度。

东洋复叶耳蕨
***Arachniodes yoshinagae* (Makino) Ohwi**（野外未见）

湖南、重庆；日本。

假西南复叶耳蕨
***Arachniodes pseudoassamica* Ching**（野外未见）

湖南、云南。

武陵山复叶耳蕨
***Arachniodes wulingshanensis* S. F. Wu**

湖南。

武陵山复叶耳蕨

湖南复叶耳蕨
***Arachniodes hunanensis* Ching**（野外未见）

湖南。

中华斜方复叶耳蕨
***Arachniodes sinorhomboidea* Ching**

壶瓶山复叶耳蕨 *Arachniodes hupingshanensis* S. F. Wu

湖南、四川、贵州。

中华斜方复叶耳蕨

贵州复叶耳蕨（日本复叶耳蕨）

Arachniodes nipponica **(Rosenst.) Ohwi**

浙江、江西、湖南、四川、重庆、贵州、云南、广东；日本。

贵州复叶耳蕨

华西复叶耳蕨

Arachniodes simulans **(Ching) Ching**

华中复叶耳蕨 *Arachniodes centrochinensis* Ching

印江复叶耳蕨 *Arachniodes yinjiangensis* Ching

金佛山复叶耳蕨 *Arachniodes jinfoshanensis* Ching

陕西、甘肃、安徽、江西、湖南、湖北、四川、重庆、贵州、云南；日本、越南、不丹、印度。

华西复叶耳蕨

鳞毛蕨属 *Dryopteris*

包括含秦仁昌其他的鳞毛蕨属、鱼鳞蕨属（*Acrophorus*）、假复叶耳蕨属（*Acrorumohra*）、轴鳞蕨属（*Dryopsis*）、肉刺蕨属（*Nothoperanema*）、柄盖蕨属（*Peranema*）等多个类群。武陵山区产 54 种，野外调查到 43 种。以武陵山区为模式产地发表的鳞毛蕨属植物目前已知多达 10 种，但目前这些种类已大部分被归并处理为他种类的异名，仅微孔鳞毛蕨（*Dryopteris porosa*）、吉首鳞毛蕨（*D. jishouensis*）等少数种类的拉丁学名没有改变。

吉首鳞毛蕨为模式标本采自湖南吉首德夯石灰岩石壁，形态独特，形体较小，叶柄仅 2~3 根维管束，原认为和稀羽鳞毛蕨相似，现分子生物学证据显示该种和裸叶鳞毛蕨（*D. gymnophylla*）具有亲缘关系;《武陵山维管植物检索表》曾记载湖南沅陵、桑植、石门产裸叶鳞毛蕨，作者检查了产自湖南桑植天子山（现属于武陵源区）的一份标本（吴世福 1078，PE！），认为这份标本与中国华东地区产的裸叶鳞毛蕨有较大区别，应该是裸叶鳞毛蕨和吉首鳞毛蕨的自然杂交种武陵山鳞毛蕨（*D. wulingshanensis*）。武陵山区目前没有检查到真正的裸叶鳞毛蕨。武陵山鳞毛蕨是作者近年来新发现的产自武陵山区（湖南吉首、张家界、桑植、永定、武陵源，湖北宜昌、重庆城口）石灰岩地区的物种，形态居于吉首鳞毛蕨与裸叶鳞毛蕨之间，为二者自然杂交的四倍体物种，可进行独立的有性繁殖。

紫盖鳞毛蕨现中文名称微孔鳞毛蕨，模式标本采自贵州江口梵净山，是一个形态奇特的物种，三回羽状，基部羽片具短柄，作者在湖南保靖白云山也采集到该种的标本。《武陵山维管植物检索表》描述了一种模式标本产自湖南桑植天平山的新种，湘西鳞毛蕨（*D. xiangxiensis*）（Type：湖南桑植天平山 1000m，张灿明 8807071，1988 年 7 月 8 日），认为该种和红柄鳞毛蕨（*D. rubristipes*，现并入 *D. tenuicula*）近似，但叶柄为禾秆色，在检索表比较中认为和微孔鳞毛蕨近似，但基部羽片没有叶柄。《中国植物志》及《Flora of China》均没有对该物种进行处理，作者也没有查看到模式标本，但从特征描述及所描绘的线描图来观察，该种与阔鳞鳞毛蕨特征无明显差别。

湖南鳞毛蕨（*D. subchampionii*）现在被处理为华南鳞毛蕨（*D. tenuicula*）的异名，作者检查了当时采集队的标本照片（湖南桑植，北京队 4485，1988，PE！；湖南芷江，武陵考察队 1615，1988，PE！），发现这两份标本形态近似黑足鳞毛蕨，鳞片平直，孢子囊群较靠近中脉。湖北鳞毛蕨（*D. hupehensis*）现已处理为川西鳞毛蕨（*D. rosthornii*）的异名；梵净肋毛蕨（*Ctenitis wantsingshanica*）现已并入巢形鳞毛蕨（*D. transmorrisonense*）；龙山鳞毛蕨（D. lungshanensis）现已处理为宽羽鳞毛蕨（*D. ryo-itoana*）的异名，作者查看了该种的模式标本（湖南龙山，L.H.Liu 1880，PE！）和产自日本的宽羽鳞毛蕨的标本，认为该种可能更近似京鹤鳞毛蕨（*D. kinkiensis*）。但由于缺少更深入研究，目前尚不能做最终的修订处理。贵州鳞毛蕨（*D. kweichouicola*）模式标本采自贵州江口梵净山，现已处理为大羽鳞毛蕨的变种。

印江鳞毛蕨（*D. ingkiangensis*）为未发表的裸名，龙马鳞毛蕨（*D.lungmanensis*）的名称仅在《武陵山维管植物检索表》中出现，在《中国植物志》及《Flora of China》中均未收录，作者也没有查到该名称正式发表的文献。

1. 叶片奇数一回羽状，顶生羽片与下部的羽片同形（奇羽亚属 D.subg. *Pycnopteris*）。
 2. 植株 1~2.5m 高，侧生羽片 8~14 对，草质，基部 2 或 3 对小脉不伸达边缘……………………………………………………………………大平鳞毛蕨 *D.bodinieri*
 2. 植株 0.5~1m 高，侧生羽片 1~5 对，草质，仅基部下侧的 1 脉不伸达边缘……………………………………………………………………奇羽鳞毛蕨 *D.sieboldii*
1. 叶片一至四回羽状或五回羽状分裂，近先端的羽片渐缩小呈羽状分裂的顶部。
 3. 叶片无腺毛；囊群盖圆形或肾形，下位或上位（肉刺鳞毛蕨亚属 D.subg. *Nothoperanema*）。
  4. 柄长至叶轴被暗棕色、卵状披针形鳞片；叶片卵状五角形，三回羽状；囊群无盖（有盖的种类为盖上位）（肉刺鳞毛蕨组 D. sect. *Nothoperanema*）……………………………………………………………………东亚鳞毛蕨 *D.shikokiana*
  4. 囊群盖下位（位于囊群下方），球形或半球形。
   5. 各回羽片和小羽片的基部具 1 大的心形或卵状披针形且通常宿存的鳞片；囊群盖膜质，半球形，不开裂；孢子囊柄的下部具一些多细胞的棒状具隔膜的隔丝（鱼鳞鳞毛蕨组 D. sect. *Acrophorus*）………………鱼鳞鳞毛蕨 *D.paleolata*
   5. 各回羽片和小羽片的基部无 1 枚大的心形鳞片；囊群有柄，囊群盖革质，球形，成熟时通常分裂成 2 或 3 瓣；孢子囊柄的下部无隔丝（柄盖鳞毛蕨组 D. sect. *Peranema*）……………………………………………维明鳞毛蕨 *D.zhuweimingii*
 3. 叶片无毛或具腺或无腺毛；囊群盖肾形，上位。
  6. 叶柄和叶轴，尤其中肋和分肋上的鳞片为泡状（阔基部的鳞片顶端具纤毛）；若鳞片扁平，则近羽轴和小羽轴基部的沟槽和叶片具多细胞的无腺的毛（泡鳞亚属 D.subg. *Erythrovariae*）。
   7. 羽轴和小羽轴的沟槽近基部时闭合（不相通），叶片具多细胞的无腺的毛（轴鳞鳞毛蕨组 D. sect. *Dryopsis*）。
    8. 叶片三回羽状至四回羽状分裂，具较多分离的小羽片；叶柄基部的鳞片阔披针形或卵状披针形，通常 2~5mm 宽；中肋远轴表面具少数鳞片；孢子周壁粗疣状突起……………………………………马氏鳞毛蕨 *D.maximowicziana*
    8. 叶片二回羽状或罕三回羽状分裂，若具小羽片，通常贴生至中肋；叶柄基部的鳞片狭披针形，通常小于 1mm 宽；中肋远轴表面具较多的鳞片；孢子周壁锐尖刺状。
     9. 中肋下面的鳞片扁平…………………………巢形鳞毛蕨 *D.transmorrisonense*
     9. 中肋下面的鳞片泡状。
      10. 叶柄禾秆色或罕暗棕色；裂片全缘至圆锯齿状，或浅分裂，罕深裂；裂片中肋下面无或具一些鳞片……………………泡鳞鳞毛蕨 *D. kawakamii*
      10. 叶柄栗色并有光泽；羽片裂片通常羽状浅裂至羽状深裂，罕全缘；裂片中肋下面被鳞片………………………………异鳞鳞毛蕨 *D. heterolaena*
   7. 羽轴和小羽轴的沟槽基部相通，叶片无毛。
    11. 叶片五角状卵形，通常三回羽状；基部 1 对羽片的最基部下侧的 1 片小羽片显著长于其上的；小羽片尾状和急尖头（变异鳞毛蕨组 D. sect. *Variae*）。
     12. 基部羽片柄长 3~4cm，囊群无盖 ………………德化鳞毛蕨 *D. dehuaensis*
     12. 基部羽片柄长约 1cm。
      13. 叶柄基部的鳞片基部全黑色………………………太平鳞毛蕨 *D. pacifica*

13. 叶柄基部的鳞片基部棕色或两色。
14. 叶柄基部的鳞片基部棕色，先端毛状。
15. 叶片二回羽状，尾状渐尖头；囊群较大，通常在羽轴两侧各 1 行 …………………………………………………………………假异鳞毛蕨 *D. immixta*
15. 叶片二或三回羽状，急尖头；囊群较小，散生于羽轴两侧 ………………………………………………………………………变异鳞毛蕨 *D. varia*
14. 叶柄基部的鳞片基部两色，基部和边缘棕色，中央和先端黑色。
16. 叶轴和羽轴密被泡状鳞片 …………………………两色鳞毛蕨 *D. setosa*
16. 叶轴和羽轴的泡状鳞片稀疏 …………………棕边鳞毛蕨 *D.sacrosancta*
11. 叶片披针形或卵状披针形，通常至二回羽状；基部 1 对羽片的最基部下侧的 1 片小羽片显著长于其上的；小羽片非尾状，圆头。
17. 叶柄上部具较多小鳞片；叶柄基部鳞片披针形，棕色或浅棕色（泡鳞鳞毛蕨组 *D.* sect. *Erythrovariae*）。
18. 叶轴鳞片密，卵状披针形或线状披针形，草质，薄，具齿或全缘。
19. 叶轴鳞片卵形，具齿。
20. 叶片二回羽状，小羽片全缘或具锯齿；叶轴鳞片暗棕色 ………………………………………………………………轴鳞鳞毛蕨 *D. lepidorachis*
20. 叶片二或三回羽状，小羽片具锯齿至羽状分裂；叶轴鳞片棕色 ………………………………………………………………观光鳞毛蕨 *D. tsoongii*
19. 叶轴鳞片披针形或线状披针形，全缘或具齿。
21. 叶轴鳞片通常全缘 …………………………………高鳞毛蕨 *D. simasakii*
21. 叶轴鳞片具齿 ……………………………………阔鳞鳞毛蕨 *D.championii*
18. 叶轴鳞片稀疏，线状披针形，革质，全缘。
22. 叶片一回羽状；羽片边缘具锯齿或深裂但裂片无柄 …………………………………………………………………………迷人鳞毛蕨 *D.decipiens*
23. 叶片羽状，羽片锯齿状，浅心形，有柄 ……………………………………………………………迷人鳞毛蕨（原变种）var. *decipiens*
23. 叶片羽状，羽片羽状分裂或羽状全裂，小羽片截头且无柄 ……………………………………………………………深裂迷人鳞毛蕨 var. *diplazioides*
22. 叶片二回羽状或至少叶片基部如此；小羽片短柄或无柄。
24. 小羽片披针形，羽状浅裂，渐尖头；囊群盖中央深红色 ………………………………………………………………红盖鳞毛蕨 *D. erythrosora*
24. 小羽片三角状卵形，具锯齿或羽状分裂，钝头。
25. 小羽片具锯齿；囊群靠中肋或近中肋…………黑足鳞毛蕨 *D. fuscipes*
25. 小羽片羽状分裂；囊群中生至近边缘…………………………………………………………………………………………阔羽鳞毛蕨 *D.ryo-itoana*
17. 叶柄上部光滑（无毛）；叶柄基部鳞片线状披针形，黑色或深褐色（黑鳞鳞毛蕨组 *D.* sect. *Indusiatae*）
26. 囊群无盖………………………………………裸果鳞毛蕨 *D. gymnosora*
26. 囊群有盖。
27. 羽片具明显的柄；下部羽片斜展 …………………齿果鳞毛蕨 *D. labordei*
27. 羽片无柄或近无柄；下部羽片平展。

28. 下部羽片的小羽片缩短且平行于叶轴，覆盖叶轴 ……………………………………………………………………………平行鳞毛蕨 *D.indusiata*
28. 下部羽片的小羽片不缩短，不平行于叶轴，不覆盖叶轴。
29. 叶片二回羽状；小羽片具锯齿，齿长而具芒；叶柄通常紫色…………………………………………………………………华南鳞毛蕨 *D. tenuicula*
29. 叶片三回羽状；小羽片羽状全裂，末回裂片不为尖刺状锯齿；叶柄禾秆色…………………………………………无柄鳞毛蕨 *D. submarginata*
6. 鳞片扁平，叶柄和叶轴无泡状鳞片（平鳞亚属 *D.* subg. *Dryopteris*）。
30. 小羽片基部不对称。
31. 叶片阔披针形，基部羽片对称（华丽鳞毛蕨组 *D.* sect. *Splendentes*）…………………………………………………………倒鳞鳞毛蕨 *D. reflexosquamata*
31. 叶片三角形，基部羽片不对称，基部下侧的小羽片显著伸长（稀羽鳞毛蕨组 *D.* sect. *Nephrocystis*）。
32. 叶柄上部和叶轴亮栗色 ……………………………… 栗柄鳞毛蕨 *D. yoroii*
32. 叶柄上部和叶轴禾秆色，下部棕色 ………………… 稀羽鳞毛蕨 *D. sparsa*
30. 小羽片基部对称。
33. 叶片一回羽状，羽片全缘至羽状深裂。
34. 羽片全缘至浅裂，小脉单一，1 个裂片的基部小脉（或至少上侧 1 条）多少伸达裂片的半途（毛柄鳞毛蕨组 *D.* sect. *Hirtipedes*）
35. 囊群无盖，鳞片边缘全缘…………………………… 无盖鳞毛蕨 *D. scottii*
35. 囊群有盖，囊群在中肋两侧大于 3 行，罕 1 或 2 行；鳞片边缘流苏状或全缘。
36. 囊群靠边缘或近边缘。
37. 囊群靠边缘 ……………………………………边生鳞毛蕨 *D. handeliana*
37. 囊群近边缘。
38. 叶柄鳞片黑色，线状披针状………… 黑鳞远轴鳞毛蕨 *D. namegatae*
38. 叶柄鳞片棕色或淡棕色……………………… 远轴鳞毛蕨 *D. dickinsii*
36. 囊群广布于背面。
39. 羽片羽状半裂和基部羽状全裂 ………………陇蜀鳞毛蕨 *D. thibetica*
39. 羽片圆锯齿状至羽状浅裂。
40. 叶柄具棕色鳞片，叶轴密被鳞片；囊群近中肋，中肋两侧的囊群与叶边具宽的不育带……………………… 密鳞鳞毛蕨 *D. pycnopteroides*
40. 叶柄具黑色或黑褐色鳞片。
41. 下部羽片缩短，通常反折 ………………… 桫椤鳞毛蕨 *D. cycadina*
41. 最基部的羽片不缩短或略缩短，不反折……… 暗鳞鳞毛蕨 *D. atrata*
34. 羽片羽状分裂或近二回羽状（至少基部几对如此），小脉二叉，罕单一，延伸至裂片边缘。
42. 囊群盖膜质或螺壳状，多少质厚，成熟时仍笼罩孢子囊（大果鳞毛蕨组 *D.* sect. *Pandae*）。
43. 叶柄和叶轴光滑或具少数卵状披针形，棕色鳞片 … 大果鳞毛蕨 *D. panda*
43. 叶柄和叶轴具很多的淡棕色或棕色鳞片 ……… 东京鳞毛蕨 *D. tokyoensis*
42. 囊群盖成熟时不笼罩孢子囊，有时脱落（平鳞鳞毛蕨组 *D.* sect. *Dryopteris*）。
44. 根茎先端至叶轴的鳞片黑色 …………………… 川西鳞毛蕨 *D. rosthornii*
44. 根茎先端的鳞片棕色，叶轴的鳞片棕色至栗色……大羽鳞毛蕨 *D. wallichiana*

45. 植株可达 1m 高或更高；囊群近主脉…………………………………………………………………………大羽鳞毛蕨（原变种）var. *wallichiana*
45. 植株少于 1m 高；囊群不近主脉………贵州鳞毛蕨 var. *kweichowicola*

33. 叶片二回羽状或更多分裂。

46. 叶片二回羽状分裂；小羽片或裂片的边缘无长的刺状齿；囊群盖为软骨质，全缘（半育鳞毛蕨组 *D.* sect. *Pallidae*）。

47. 叶片全部能育。

48. 囊群盖角质，螺壳状，几乎完全包裹成熟的囊群；叶柄粗糙（鳞片脱落后具明显痕迹）………………………………硬果鳞毛蕨 *D. fructuosa*
48. 囊群盖膜质，扁平（平坦），不包裹成熟的囊群 ……………………………………………………………………粗齿鳞毛蕨 *D. juxtaposita*

47. 叶片上部 1/3~1/2 的羽片能育，下部羽片不育。

49. 叶片上部 1/3 能育，急收缩，小羽片渐尖头………狭顶鳞毛蕨 *D. lacera*
49. 叶片上部 1/2 能育，略收缩，小羽片钝头。

50. 小羽片先端略狭，锐（锯）齿状，基部 1 对羽片的下侧小羽片多少具缺刻 ……………………………………………半岛鳞毛蕨 *D. peninsulae*
50. 小羽片钝头，全缘至具缺刻状（锯）齿状，基部 1 对羽片的下侧小羽片不具缺刻。

51. 叶柄和叶轴的鳞片暗黑色，通常具 1 狭的棕色边缘…………………………………………………………………同形鳞毛蕨 *D. uniformis*
51. 叶柄和叶轴的鳞片大多棕色…………………… 半育鳞毛蕨 *D. sublacera*

46. 叶片三回羽状分裂或大多三回羽状全裂至四回羽状分裂。

52. 叶片长圆状披针形或阔三角形，羽片通常对称（边生鳞毛蕨组 *D.* sect. *Marginatae*）………………………………………微孔鳞毛蕨 *D. porosa*
52. 叶片五角形，羽片不对称，羽片下侧的小羽片较上侧的为长（柄羽鳞毛蕨组 *D.* sect. *Aemulae*）

53. 叶片三至四回羽裂…………………… 武陵山鳞毛蕨 *D. wulingshanensis*
53. 叶片二回羽状或三回羽裂…………………… 吉首鳞毛蕨 *D. jishouensis*

大平鳞毛蕨

***Dryopteris bodinieri* (Christ) C. Chr.**

湖南、四川、重庆、贵州、云南、广西；越南。

大平鳞毛蕨

奇羽鳞毛蕨
Dryopteris sieboldii **(Van Houtte ex Mett.) Kuntze**

安徽、浙江、江西、湖南、湖北、重庆、贵州、福建、广东、广西；日本。

奇羽鳞毛蕨

东亚鳞毛蕨（无盖肉刺蕨）
Dryopteris shikokiana **(Makino) C. Chr.**

Nephrodium shikokianum Makino

湖南、四川、重庆、贵州、云南、广西；日本。

东亚鳞毛蕨

鱼鳞鳞毛蕨（鱼鳞蕨）
Dryopteris paleolata **(Pichi Serm.) Li Bing Zhang**

Acrophorus stipellatus (Wall.) Moore

浙江、江西、湖南、四川、重庆、贵州、云南、西藏、福建、台湾、广东、广西、海南；日本、菲律宾、越南、不丹、尼泊尔、印度。

鱼鳞鳞毛蕨

维明鳞毛蕨（东亚柄盖蕨）

Dryopteris zhuweimingii Li Bing Zhang

柄盖蕨 *Peranema cyatheoides* D. Don var. *luzonicum* (Copel.) Ching & S. H. Wu

湖南、湖北、四川、重庆、贵州、云南、台湾、广东、广西；菲律宾。

维明鳞毛蕨

马氏鳞毛蕨

Dryopteris maximowicziana (Miq.) C. Chr.

阔鳞肋毛蕨 *Ctenitis maximowicziana* (Miq.) Ching

黄岗肋毛蕨 *Ctenitis whankanshanensis* Ching & Chu H. Wang

浙江、江西、湖南、四川、重庆、贵州、福建、台湾、广西；日本、韩国。

马氏鳞毛蕨

巢形鳞毛蕨
Dryopteris transmorrisonense (Hayata) Hayata（野外未见）

梵净肋毛蕨 *Ctenitis wantsingshanica* Ching & K. H. Hsing

疏羽肋毛蕨 *Ctenitis submariformis* Ching & Chu H. Wang

四川、贵州、云南、西藏、台湾；不丹、尼泊尔、印度。

泡鳞鳞毛蕨
Dryopteris kawakamii Hayata

泡鳞轴鳞蕨 *Dryopsis mariformis* (Rosenst.) Holttum et P. J. Edwards

泡鳞肋毛蕨 *Ctenitis mariformis* (Rosenst.) Ching

浙江、江西、湖南、四川、重庆、贵州、云南、福建、台湾、广东、广西。

泡鳞鳞毛蕨

异鳞鳞毛蕨
Dryopteris heterolaena C. Chr.

异鳞轴鳞蕨 *Dryopsis heterolaena* (C. Chr.) Holttum et P. J. Edwards

异鳞肋毛蕨 *Ctenitis heterolaena* (C. Chr.) Ching

广西肋毛蕨 *Ctenitis kwangsiensis* Ching & P. S. Chiu

浙江、湖南、四川、贵州、云南、西藏、广东、广西。

异鳞鳞毛蕨

德化鳞毛蕨
Dryopteris dehuaensis **Ching**

安徽、浙江、江西、湖南、福建、广东、香港。

德化鳞毛蕨

太平鳞毛蕨
Dryopteris pacifica **(Nakai) Tagawa**

安徽、江苏、上海、浙江、江西、湖南、湖北、福建、广东、海南、香港；日本、韩国。

太平鳞毛蕨

假异鳞毛蕨
Dryopteris immixta **Ching**（野外未见）

山东、河南、陕西、甘肃、江苏、浙江、江西、湖南、湖北、四川、重庆、贵州、云南、福建。

变异鳞毛蕨
Dryopteris varia (L.) Kuntze

河南、陕西、安徽、江苏、上海、浙江、江西、湖南、湖北、四川、重庆、贵州、云南、福建、台湾、广东、广西、香港；日本、韩国、菲律宾、越南、印度。

变异鳞毛蕨

两色鳞毛蕨
Dryopteris setosa (Thunb.) Akasawa

Dryopteris bissetiana (Baker) C. Chr.

山西、山东、河南、陕西、安徽、江苏、上海、浙江、江西、湖南、湖北、四川、重庆、贵州、云南、福建；日本、韩国。

两色鳞毛蕨

棕边鳞毛蕨
Dryopteris sacrosancta Koidz.（野外未见）

辽宁、山东、江苏、浙江、湖南；日本、韩国。

轴鳞鳞毛蕨
Dryopteris lepidorachis C. Chr.

安徽、江苏、浙江、江西、湖南、湖北、福建。

轴鳞鳞毛蕨

观光鳞毛蕨
Dryopteris tsoongii Ching

安徽、江苏、浙江、江西、湖南、湖北、福建、广东、广西。

观光鳞毛蕨

高鳞毛蕨
Dryopteris simasakii (H. Itô) Kurata

高鳞鳞毛蕨 *Dryopteris excelsior* Ching & P. S. Chiu

浙江、湖南、四川、重庆、贵州、云南、广西；日本。

高鳞毛蕨

阔鳞鳞毛蕨

Dryopteris championii (Benth.) C. Chr. ex Ching

强壮鳞毛蕨 *Dryopteris grandiosa* Ching & P. S. Chiu

山东、河南、江苏、上海、浙江、江西、湖南、湖北、四川、重庆、贵州、云南、西藏、福建、台湾、广东、广西、香港、澳门；日本、韩国。

阔鳞鳞毛蕨

迷人鳞毛蕨

***Dryopteris decipiens* (Hook.) Kuntze**

安徽、江苏、浙江、江西、湖南、湖北、四川、重庆、贵州、福建、台湾、广东、广西、香港；日本。

迷人鳞毛蕨

深裂迷人鳞毛蕨
***Dryopteris decipiens* var. *diplazioides* (Christ) Ching**

安徽、江苏、浙江、江西、湖南、四川、贵州、福建、台湾、广东、广西；日本。

深裂迷人鳞毛蕨

红盖鳞毛蕨
***Dryopteris erythrosora* (D. C. Eaton) Kuntze**

中华红盖鳞毛蕨 *Dryopteris sinoerythrosora* Ching & K. H. Shing

安徽、江苏、上海、浙江、江西、湖南、湖北、四川、重庆、贵州、云南、福建、广东、广西；日本、韩国。

红盖鳞毛蕨

黑足鳞毛蕨
***Dryopteris fuscipes* C. Chr.**

安徽、江苏、上海、浙江、江西、湖南、湖北、四川、重庆、贵州、云南、福建、台湾、广东、广西、海南、香港；日本、韩国、越南。

黑足鳞毛蕨

阔羽鳞毛蕨
Dryopteris ryo-itoana Kurata（野外未见）
龙山鳞毛蕨 *Dryopteris lungshanensis* Ching & P. S. Chiu

浙江、江西、湖南；日本。

裸果鳞毛蕨
Dryopteris gymnosora (Makino) C. Chr.

安徽、江苏、浙江、江西、湖南、湖北、四川、重庆、贵州、云南、福建、广东、广西；日本、越南。

阔羽鳞毛蕨

裸果鳞毛蕨

齿果鳞毛蕨
Dryopteris labordei (Christ) C. Chr.

安徽、江苏、上海、浙江、江西、湖南、湖北、四川、重庆、贵州、云南、福建、台湾、广东、广西；日本。

齿果鳞毛蕨

平行鳞毛蕨

Dryopteris indusiata **(Makino) Makino et Yamam.**

浙江、江西、湖南、湖北、四川、重庆、贵州、云南、福建、广东、广西；日本。

平行鳞毛蕨

华南鳞毛蕨

Dryopteris tenuicula **C. G. Matthew & Christ**

湖南鳞毛蕨 *Dryopteris subchampionii* Ching

浙江、湖南、湖北、四川、重庆、贵州、台湾、广东、广西、香港；日本、韩国。

华南鳞毛蕨

无柄鳞毛蕨

Dryopteris submarginata **Rosenst.**（野外未见）

江苏、浙江、江西、湖南、湖北、四川、重庆、贵州、福建、广西。

倒鳞鳞毛蕨
***Dryopteris reflexosquamata* Hayata**

湖南、湖北、四川、重庆、贵州、云南、台湾；印度。

倒鳞鳞毛蕨

栗柄鳞毛蕨
***Dryopteris yoroii* Seriz.**

湖南、湖北、四川、贵州、云南、西藏、台湾、广西；缅甸、不丹、尼泊尔、印度。

栗柄鳞毛蕨

稀羽鳞毛蕨
***Dryopteris sparsa* (D. Don) Kuntze**

河南、陕西、安徽、上海、浙江、江西、湖南、湖北、四川、重庆、贵州、云南、西藏、福建、台湾、广东、广西、海南、香港；日本、越南、缅甸、泰国、印度尼西亚、不丹、尼泊尔、印度。

稀羽鳞毛蕨

无盖鳞毛蕨
Dryopteris scottii **(Bedd.) Ching ex C. Chr.**

亚异盖鳞毛蕨 *Dryopteris subdecipiens* Hayata

安徽、江苏、浙江、江西、湖南、四川、重庆、贵州、云南、西藏、福建、台湾、广东、广西、海南、香港；日本、越南、缅甸、泰国、不丹、尼泊尔、印度。

无盖鳞毛蕨

边生鳞毛蕨
Dryopteris handeliana **C. Chr.**

浙江、湖南、湖北、四川、重庆、贵州、云南；日本、韩国。

黑鳞远轴鳞毛蕨
Dryopteris namegatae **(Sa. Kurata) Sa. Kurata**

甘肃、浙江、江西、湖南、湖北、四川、重庆、贵州、云南；日本。

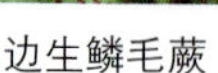

边生鳞毛蕨　　黑鳞远轴鳞毛蕨

远轴鳞毛蕨
Dryopteris dickinsii **(Franch. et Sav.) C. Chr.**

河南、安徽、浙江、江西、湖南、湖北、四川、重庆、贵州、云南、西藏、福建、台湾、广西；日本、印度。

远轴鳞毛蕨

陇蜀鳞毛蕨
Dryopteris thibetica **(Franch.) C. Chr.**（野外未见）

甘肃、四川、重庆、贵州、云南。

密鳞鳞毛蕨
Dryopteris pycnopteroides **(Christ) C. Chr.**

湖南、湖北、四川、重庆、贵州、云南；日本。

密鳞鳞毛蕨

桫椤鳞毛蕨
Dryopteris cycadina (Franch. et Sav.) C. Chr.

浙江、江西、湖南、湖北、四川、重庆、贵州、云南、西藏、福建、台湾、广东、广西；日本。

桫椤鳞毛蕨

暗鳞鳞毛蕨
Dryopteris atrata (Wall. ex Kunze) Ching（野外未见）

山西、山东、陕西、甘肃、安徽、江苏、浙江、江西、湖南、湖北、四川、贵州、云南、西藏、福建、台湾、广东、广西、海南；缅甸、泰国、不丹、尼泊尔、印度、斯里兰卡、中南半岛。

暗鳞鳞毛蕨

大果鳞毛蕨

***Dryopteris panda* (C. B. Clarke) Christ**

俞氏鳞毛蕨 *Dryopteris yui* Ching

甘肃、湖南、四川、重庆、贵州、云南、西藏、台湾；尼泊尔、印度、巴基斯坦。

大果鳞毛蕨

东京鳞毛蕨

***Dryopteris tokyoensis* (Matsum. ex Makino) C. Chr.**

浙江、江西、湖南、湖北、福建；日本。

东京鳞毛蕨

川西鳞毛蕨

***Dryopteris rosthornii* (Diels) C. Chr.**

湖北鳞毛蕨 *Dryopteris hupehensis* Ching

陕西、甘肃、湖南、湖北、四川、重庆、贵州、云南。

川西鳞毛蕨

大羽鳞毛蕨

***Dryopteris wallichiana* (Spreng.) Hyl.**

陕西、江西、湖南、湖北、四川、贵州、云南、西藏、福建、台湾；日本、缅甸、马来西亚、不丹、尼泊尔、印度。

大羽鳞毛蕨

贵州鳞毛蕨

贵州鳞毛蕨
***Dryopteris wallichiana* var. *kweichowicola* (Ching ex P. S. Wang) S. K. Wu（野外未见）**

贵州。

硬果鳞毛蕨
***Dryopteris fructuosa* (Christ) C. Chr.（野外未见）**
凸背鳞毛蕨 *Dryopteris pseudovaria* (Christ) C. Chr.

陕西、湖南、湖北、四川、贵州、云南、西藏、台湾；缅甸、不丹、尼泊尔、印度。

粗齿鳞毛蕨
***Dryopteris juxtaposita* Christ**

甘肃、湖南、四川、贵州、云南、西藏；不丹、尼泊尔、印度。

粗齿鳞毛蕨

狭顶鳞毛蕨
***Dryopteris lacera* (Thunb.) Kuntze**

黑龙江、辽宁、天津、山东、宁夏、江苏、浙江、江西、湖南、湖北、四川、重庆、贵州、台湾；日本、韩国。

狭顶鳞毛蕨

半岛鳞毛蕨
Dryopteris peninsulae Kitag.

新狭顶鳞毛蕨 *Dryopteris neolacera* Ching

吉林、辽宁、山西、山东、河南、陕西、甘肃、上海、浙江、江西、湖南、湖北、四川、重庆、贵州、云南、广西。

半岛鳞毛蕨

同形鳞毛蕨
Dryopteris uniformis (Makino) Makino

假同形鳞毛蕨 *Dryopteris pseudouniformis* Ching

甘肃、安徽、江苏、上海、浙江、江西、湖南、贵州、福建、广东、广西；日本、韩国。

同形鳞毛蕨

半育鳞毛蕨
Dryopteris sublacera Christ（野外未见）

河南、陕西、湖南、湖北、四川、贵州、云南、西藏、台湾；不丹、尼泊尔、印度。

微孔鳞毛蕨
Dryopteris porosa Ching

湖南、四川、重庆、贵州、云南；泰国、不丹、尼泊尔、印度。

微孔鳞毛蕨

武陵山鳞毛蕨
Dryopteris wulingshanensis Y. H. Yan ined.

湖南、湖北、重庆。

吉首鳞毛蕨
Dryopteris jishouensis G. X. Chen et D. G. Zhang

湖南、贵州、广西。

武陵山鳞毛蕨

吉首鳞毛蕨

肋毛蕨属 *Ctenitis*

包含三相蕨属（*Ataxipteris*），原属于三叉蕨科，现已被证实归属于鳞毛蕨科，其成员被拆分为两部分，其中轴鳞蕨组成员归属于鳞毛蕨属，其他部分则保留在鳞毛蕨科的狭义肋毛蕨属中，包括直鳞肋毛蕨（*Ctenitis eatonii* = *C. confusa*）、亮鳞肋毛蕨（*C. subglandulosa* = *C. anyuanensis* = *C. chungyiensis*）等。其中厚叶肋毛蕨（*C. sinii*）是近年来作者在武陵山区新发现的新纪录，产湖南吉首德夯，曾置于三叉蕨科三相蕨属，叶脉网结，形态特别。

1. 叶柄、叶轴或至少中肋远轴表面上的鳞片披针形至卵状披针形。
  2. 羽片（除了基部 1 对）一回羽状分裂；小脉不明显，羽片裂片间的一些小脉出自中肋；孢子周壁粗褶曲状……………………………………… 厚叶肋毛蕨 *C. sinii*
  2. 羽片（除了基部 1 对）二回羽状分裂；小脉明显，无小脉出自中肋；孢子周壁粗褶曲状或棘皮状……………………………………… 亮鳞肋毛蕨 *C. subglandulosa*
1. 叶柄、叶轴和中肋远轴表面上的鳞片线状披针形至钻形或近如此。
  3. 叶柄鳞片 1~3mm，线形至钻形；囊群无盖，常被鳞片遮盖；孢子周壁棘皮状………………………………………………………………二型肋毛蕨 *C. dingnanensis*
  3. 叶柄鳞片 3-8mm，钻形；囊群盖宿存或部分早落；孢子周壁粗褶曲状或具疣状突起……………………………………………………………… 直鳞肋毛蕨 *C. eatonii*

厚叶肋毛蕨（三相蕨）
***Ctenitis sinii* (Ching) Ohwi**

浙江、江西、湖南、福建、广东、广西；日本。

厚叶肋毛蕨

亮鳞肋毛蕨
Ctenitis subglandulosa (Hance) Ching

安远肋毛蕨 *Ctenitis anyuanensis* Ching & Chu H. Wang

虹鳞肋毛蕨 *Ctenitis rhodolepis* (C. B. Clarke) Ching

崇义肋毛蕨 *Ctenitis chungyiensis* Ching & Chu H. Wang

浙江、江西、湖南、湖北、四川、重庆、贵州、云南、福建、台湾、广东、广西、海南；菲律宾、越南、马来西亚、不丹、印度、亚洲。

亮鳞肋毛蕨

二型肋毛蕨
Ctenitis dingnanensis Ching

江西、湖南、广东。

二型肋毛蕨

直鳞肋毛蕨

***Ctenitis eatonii* (Baker) Ching**

贵州肋毛蕨 *Ctenitis confusa* Ching

江西、湖南、湖北、四川、重庆、贵州、台湾、广东、广西；日本。

直鳞肋毛蕨

贯众属 *Cyrtomium*

植物一回羽状复叶、叶脉网结、具有独立顶生羽片，多为喜钙植物，武陵山区由于喀斯特地貌广泛发育，种类繁多，武陵山区产 17 种，野外调查到 11 种。贯众（*Cyrtomium fortunei*）、大羽贯众（*C. maximum*）、峨眉贯众（*C. omeiense*）、低头贯众（*C. neophrolepioides*）等种类在当地分布极为普遍，形态变化较大，可能不同的物种之间存在自然杂交。武陵贯众（*C. wulingense*）是以湖南桑植（现湖南张家界市武陵源区）为模式产地发表的特有种，与低头贯众近似，但侧生羽片三角形，目前在《Flora of China》中处理为低头贯众的异名。作者经查看该种的模式标本，并在野外采集和观察该种的形态变化，在湖南永定天门山、湖南桑植中里大峡谷等地均有新的采集，认为该种是一个独立的物种，与低头贯众具有明显的区别，在本书中恢复该种独立存在的分类学地位。湖南贯众（*C. hunanense*）是另一个以武陵山区为模式产地发表的物种，目前已处理为峨眉贯众的异名，作者查看了该种的模式标本，同意 FOC 的处理。全缘贯众为沿海分布种类，过去中国内陆的记载为错误鉴定。

1. 叶革质；羽片边缘增厚，平直或有时浅波状。
  2. 侧生羽片基部为心形，羽片通常短于 3cm，卵形或三角状披针状。
    3. 侧生羽片卵形，中部的长 1~2cm ························ 低头贯众 *C. nephrolepioides*
    3. 侧生羽片三角状披针形，中部的长 2~2.5cm ················ 武陵贯众 *C. wulingense*
  2. 侧生羽片基部为圆楔形、阔楔形或截头。
    4. 羽片先端圆或钝 ·· 斜基贯众 *C. obliquum*
    4. 羽片先端渐尖或尾状 ·· 披针贯众 *C. devexiscapulae*
1. 叶纸质，罕近革质或膜质；羽片边缘平直，不增厚。
  5. 侧生羽片边缘具粗齿。
    6. 侧生羽片的基部上侧多少具耳凸。
      7. 侧生羽片的耳状凸小，或钝圆或半圆形；囊群盖边缘全缘 ·························
      ··秦岭贯众 *C. tsinglingense*
      7. 侧生羽片的耳状凸长，急尖头，三角形；囊群盖边缘具不规则的锯齿状 ·······
      ·· 刺齿贯众 *C. caryotideum*

6. 侧生羽片的基部上侧不具耳凸。
   8. 侧生羽片披针形，囊群盖边缘有齿 ························· 等基贯众 *C. aequibasis*
   8. 侧生羽片阔披针形或长圆状披针形，囊群盖边缘全缘 ·· 奇叶贯众 *C. anomophyllum*
5. 侧生羽片边缘仅具小齿牙或有时近全缘。
   9. 侧生羽片两侧不对称，基部上侧略微或具明显的耳凸；基部下侧圆形或楔形。
      10. 侧生羽片通常短于 8cm；基部上侧略具耳凸，耳凸钝圆 ········ 贯众 C. fortunei
      10. 侧生羽片 8~12cm；基部上侧明显具耳凸，耳凸半圆形或三角形 ·· 阔羽贯众 *C. yamamotoi*
   9. 侧生羽片两侧近对称。
      11. 侧生羽片为卵形或基部 1 或 2 对为卵形。
         12. 囊群盖边缘有齿 ·· 齿盖贯众 *C. tukusicola*
         12. 囊群盖边缘全缘。
            13. 羽片 2~6 对，10~18cm×5~8cm，基部卵形······ 大叶贯众 *C. macrophyllum*
            13. 羽片大于 7 对，<10cm×8cm，基部圆楔形至楔形···· 钝羽贯众 *C. muticum*
      11. 侧生羽片为阔披针形、长圆状披针形或披针形。
         14. 侧生羽片阔披针形、椭圆形或长圆状披针形，基部阔楔形至楔形；两面平坦，无明显凸起的囊托 ··· 峨眉贯众 *C. omeiense*
         14. 侧生羽片披针形或线状披针形，基部楔形；囊群着生处在羽片远轴表面下凹成凹点或具明显的骨突。
            15. 侧羽 8~13 对；顶生羽片倒卵形、卵形或菱形；囊群着生处在羽片远轴面下凹，无明显的囊托；囊群盖平坦或中央下凹 ·········· 线羽贯众 *C. urophyllum*
            15. 侧生羽片 6 或 7 对；顶生羽片长圆形；囊群位于明显囊托的上面；囊群盖中央凸起呈帽状 ·································· 台湾贯众 *C. taiwanianum*

低头贯众
Cyrtomium nephrolepioides (Christ) Copel.

世纬贯众 *Cyrtomium tengii* Ching & K. H. Shing

湖南、湖北、四川、重庆、贵州、广西。

低头贯众

武陵贯众
***Cyrtomium wulingense* S. F. Wu**

湖南、四川。

武陵贯众

斜基贯众
***Cyrtomium obliquum* Ching & K. H. Shing**
钙生贯众 *Cyrtomium calcicola* Ching

浙江、湖南、广东、广西。

斜基贯众

披针贯众
***Cyrtomium devexiscapulae* (Koidz.) Koidz. et Ching**（野外未见）

浙江、江西、四川、重庆、贵州、福建、台湾、广东、广西；日本、韩国、越南。

披针贯众（照片拍自广西）

秦岭贯众
***Cyrtomium tsinglingense* Ching & K. H. Shing**（野外未见）

穆坪贯众 *Cyrtomium moupinense* Ching & K. H. Shing

陕西、甘肃、四川、贵州、云南、广西。

刺齿贯众
***Cyrtomium caryotideum* (Wall. ex Hook. et Grev.) C. Presl**

陕西、甘肃、江西、湖南、湖北、四川、重庆、贵州、云南、西藏、台湾、广东、广西；日本、菲律宾、越南、不丹、尼泊尔、印度、巴基斯坦。

刺齿贯众

等基贯众
***Cyrtomium aequibasis* (C. Chr.) Ching**

湖南、四川、重庆、贵州、云南。

等基贯众

奇叶贯众
***Cyrtomium anomophyllum* (Zenker) Fraser-Jenk.**（野外未见）
短楔贯众 *Cyrtomium brevicuneatum* Ching & K. H. Shing

四川、云南、西藏、台湾；日本、不丹、尼泊尔、印度、巴基斯坦。

贯众
***Cyrtomium fortunei* J. Sm.**

河北、山西、山东、河南、陕西、甘肃、安徽、江苏、浙江、江西、湖南、湖北、四川、重庆、贵州、云南、福建、台湾、广东、广西；日本、韩国、越南、泰国、尼泊尔、印度，逃逸到欧洲和北美洲并已归化。

贯众

阔羽贯众
***Cyrtomium yamamotoi* Tagawa**
同羽贯众 *Cyrtomium simile* Ching ex K. H. Shing

河南、陕西、甘肃、安徽、浙江、江西、湖南、湖北、四川、重庆、贵州、云南、台湾、广东、广西；日本。

阔羽贯众

齿盖贯众
***Cyrtomium tukusicola* Tagawa**

浙江、湖南、四川、重庆、贵州、云南、台湾；日本。

齿盖贯众

大叶贯众
***Cyrtomium macrophyllum* (Makino) Tagawa**

陕西、甘肃、安徽、江西、湖南、湖北、四川、重庆、贵州、云南、西藏、台湾；日本、不丹、尼泊尔、印度、巴基斯坦。

大叶贯众

钝羽贯众
***Cyrtomium muticum* (Christ) Ching**（野外未见）

大羽贯众楔基变型 *Cyrtomium macrophyllum* (Makino) Tagawa f. *muticum* (Christ) Ching & K. H. Shing

湖北、贵州、四川、云南。

峨眉贯众

***Cyrtomium omeiense* Ching & K. H. Shing**

尾头贯众 *Cyrtomium caudatum* Ching & K. H. Shing;

湖南贯众 *Cyrtomium hunanense* Ching & K. H. Shing

湖南、湖北、四川、重庆、贵州、西藏、台湾。

峨眉贯众

线羽贯众

***Cyrtomium urophyllum* Ching**

湖南、四川、贵州、云南、广西。

线羽贯众

台湾贯众

***Cyrtomium taiwanianum* Tagawa**

湖南、云南、台湾。

台湾贯众

耳蕨属 *Polystichum*

在 PPG I系统中是一个复杂的单系类群。全世界约 500 种，武陵山区产 50 种，野外调查到 40 种。目前一般分子系统学证据认为耳蕨属可分为 2 个大支，命名为 2 个亚属：半开羽耳蕨亚属（Subg. *Haplopolystichum*）和耳蕨亚属（subg. *Polystichum*）。前者包括柳叶蕨属（*Cyrtogonellum*）、鞭叶蕨属（*Cyrtomidictyum*）、原贯众属顶生羽片渐尖种类（如镰羽贯众等）、对生耳蕨复合群、戟叶耳蕨复合群、峨眉耳蕨复合群等多个单系类群；后者包括原广义耳蕨属中对马耳蕨复合群等其他大部分耳蕨属植物。耳蕨属各类群的起源和分化可能有地理分布上的影响，但其性状演化路线目前并不清楚，因此也成为耳蕨属分类困难的主要原因。据作者对耳蕨属植物的观察，发现该属植物的鳞片细胞形态可能是一个较好的分类依据。半开羽耳蕨亚属植物多一回羽状，叶柄及叶轴上的鳞片细胞多不规则，细胞排列大小及排列方向呈多个方向，而耳蕨亚属多二回羽状，其鳞片细胞多呈狭长形，细胞排列方向较为一致。

蒙自耳蕨
（*Polystichum mengziense*）

杰出耳蕨
（*Polystichum excelsius*）

戟叶耳蕨
（*Polystichum tripteron*）

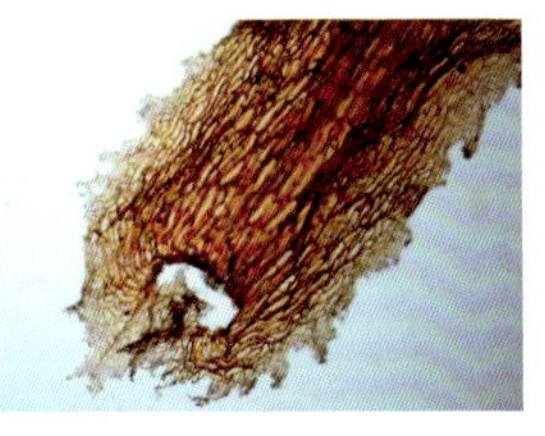

离脉柳叶蕨
（*Polystichum tenuius*）

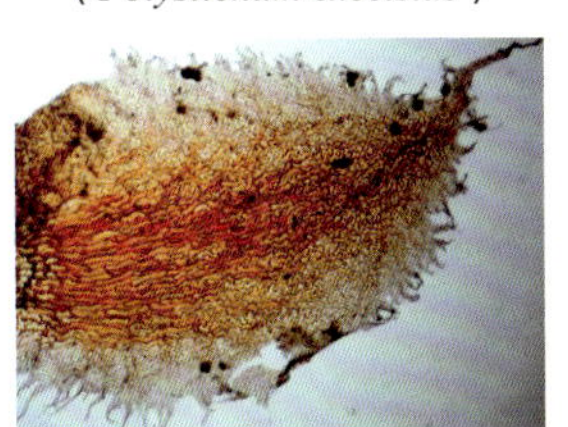

鞭叶蕨
（*Polystichum lepidocaulon*）

广东耳蕨
（*Polystichum kwangtungense*）

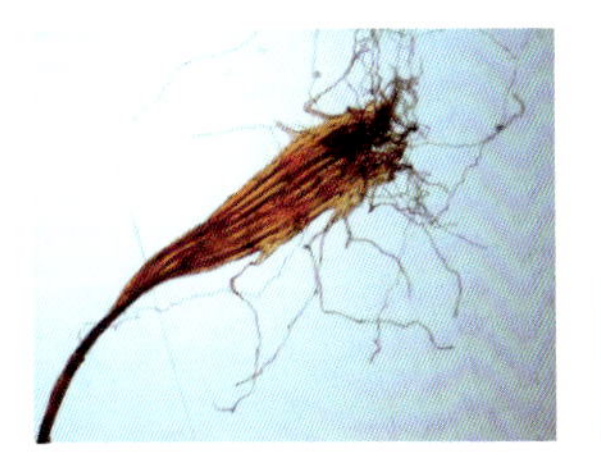

华北耳蕨
（*Polystichum craspedosorum*）

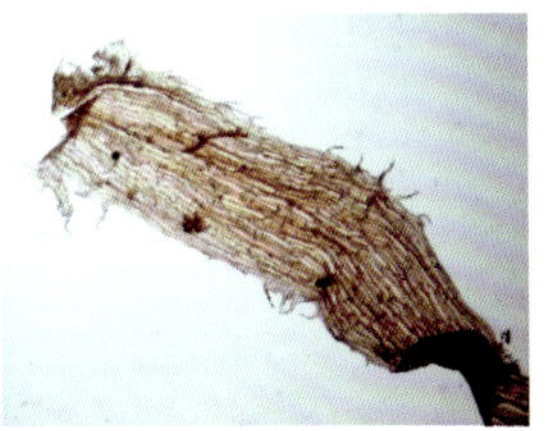

高大耳蕨
（*Polystichum altum*）

对马耳蕨
（*Polystichum tsus-simense*）

巴郎耳蕨（*P. balansae*）、虎克耳蕨（*P. hookeriana*）等原属于贯众属的羽片叶脉网结、羽片顶端羽裂渐尖的种类，现分子生物学证据显示该类群与耳蕨属同属单系类群，这两种在武陵山区各地广泛分布；另有小羽片镰状披针形、羽片中脉两侧仅具 1 行小脉网眼、孢子囊群在主脉两侧各仅 1 行的单行贯众（*P. uniseriale*）在湖南桑植也有标本记录，但作者未在野外发现活植物。

原柳叶蕨属记载其他多个物种近年来也被重新修订处理，该地区各地石灰岩地区常见分布有离脉柳叶蕨（*P. tenuius*）、斜基柳叶蕨（*P. minimum*），偶见叶脉网结种类柳叶蕨（*P. fraxinellum*）。小柳叶蕨（*Cyrtogonellum minimum*）是模式产地在武陵山区贵州施秉的一个特有种，现已被《中国植物志》归并至斜基柳叶蕨，作者查看了模式标本，认为和斜基柳叶蕨无明显差异。

《武陵山维管植物检索表》记载了厚脉耳蕨（*P. crassinervium*）、镰羽耳蕨（*P. falcipinnum*）、肾鳞耳蕨（*P. nephrolepioides*）、湖南耳蕨（*P. hunanense*）、大盖耳蕨（*P. macrocarpum*）、奉节耳蕨（*P. fengjieense*）、镰状耳蕨（*P. falcilobum*）、多小羽耳蕨（*P. multipinnulum*）、长芒耳蕨（*P. longiaristatum*）等 9 个未正式发表的裸名。长芒耳蕨（*P. longiaristatum*）后被正式发表，模式标本采自湖北神农架，在武陵山区没有分布记载；厚脉耳蕨（*P. crassinervium*）后被正式发表，模式标本采自广西罗城，形态与无盖耳蕨近似；裸名奉节耳蕨（*P. fengjieense*）被归并至浪穹耳蕨；肾鳞耳蕨（*P. nephrolepioides*）与低头贯众的一个异名（*P. nephrolepioides*）同名，为晚出同名，与命名法规的原则不符；湖南耳蕨（*P. hunanense*）的裸名在《中国植物志》中被处理为武陵山耳蕨的异名；镰状耳蕨（*P. falcilobum*）在《中国植物志》中被处理为对马耳蕨（*P. tsus-simense*）的异名。

虽然该地区喀斯特地貌广泛发育，峡谷山涧纵横，垂直海拔变化较大，耳蕨属植物种类丰富，但以武陵山地区为模式产地的植物不多。宜昌耳蕨（*P. ichangense*）、亮叶耳蕨（*P. lanceolatum*）和对生耳蕨（*P. delton*）三者的模式产地均为武陵山区北部湖北宜昌；革叶耳蕨（*P. neolobatum*）模式标本采自武陵山区西北部重庆城口；粗齿耳蕨（*P. grossidentatum*）和（*P. subdelton*），（重庆酉阳，侯学煜 825）是基于相同的模式标本发表的名称，前者为晚出异名；武陵山耳蕨（*P. wulingshanense*）主要分布在武陵山地区，但其模式标本采自贵州西部大方旧大定。

近年来，我们还在该地区发现了过去没有记载的植株形体高大、二回羽状小羽片背面被棕色鳞片的高大耳蕨（*P. altum*），产湖北鹤峰七姊妹山；以及耳蕨属植物，其他羽片极狭长、羽片小且多达 60~70 对的多羽耳蕨（*P. subacutidens*）。

1. 植株常绿，罕夏绿；叶片一回羽状；若叶片二至四回羽状分裂则羽片细小分裂（细裂耳蕨组）或叶轴鳞片暗棕色，卵形，贴生（杰出耳蕨）。
  2. 叶轴具芽胞。
    3. 小鳞片宽形；叶轴先端延长；囊群无盖（鞭叶耳蕨组 *P.* sect. *Cyrtomiopsis*）……………………………………………………………………… 鞭叶耳蕨 *P. lepidocaulon*
    3. 小鳞片狭形；叶轴先端延长或不延长；囊群有盖。
      4. 囊群盖全缘；叶轴先端延长（鞭果耳蕨组 *P.* sect. *Mastigopteris*）…………………………………………………………………………… 华北耳蕨 *P. craspedosorum*

4. 囊群盖啮蚀状；叶轴先端延长或不延长（小芽胞耳蕨组 *P.* sect. *Basigemmifera*）
5. 叶片一回羽状；羽片长圆形或长圆状披针形，具明显锯齿；基部数对羽片通常反折；叶轴在顶生珠芽处多少具1延伸的无叶短鞭…… 蚀盖耳蕨 *P. erosum*
5. 叶片二回羽状分裂；羽片三角状披针形，中部以上羽片具锯齿，下部几对羽片羽状深裂，基部的裂片近分离；羽片平展或略斜展；叶轴在芽胞处从不延伸…………………………………………………………宪需耳蕨 *P. kungianum*
2. 叶轴无芽胞。
6. 叶片具特别延长并为一回羽状的基底羽片（戟叶耳蕨组 *P.* sect. *Crucifilix*）。
7. 羽片具粗锯齿，镰状披针形，渐尖头 ……………………… 戟叶耳蕨 *P. tripteron*
7. 羽片具齿，长圆形或几为长方形（矩形），急尖头。
8. 基部羽片一回羽状，囊群略近中肋…………………… 小戟叶耳蕨 *P. hancockii*
8. 基部羽片罕一回羽状，囊群较近羽片边缘……………… 渝黔耳蕨 *P. normale*
6. 叶片无特长的基底羽片。
9. 叶片二至四回羽状分裂，罕一回羽状；羽片细小分裂（细裂耳蕨组 *P.* sect. *Sphaenopolystichum*）。
10. 叶片三或四回羽状，末回裂片线形；囊群无盖 ………角状耳蕨 *P. alcicorne*
10 叶片二回羽状，末回裂片非线形；囊群有盖，易脱落……………………………………………………………………………………… 杰出耳蕨 *P. excelsius*
9. 叶片一回羽状；羽片不为细小分裂。
11. 叶革质；羽片镰状披针形，长为宽的3倍以上，中部羽片0.9~2cm宽；若中部羽片0.6~0.9cm宽则羽片为偏斜的长圆形,可达3.2cm(斜基柳叶耳蕨)；叶脉分离或网结成1~2行网眼。
12. 囊群在中肋两侧各1行；羽片基部对称或近对称；若羽片基部不对称则羽片为偏斜的长圆形，可达3.2cm×0.9cm~2cm（斜基柳叶耳蕨）;叶脉分离；若叶脉沿中肋两侧网结呈1或2行网眼则小羽片可达10对(柳叶耳蕨)(柳叶耳蕨组 *P.* sect. *Cyrtogonellum*)。
13. 叶片奇数羽状，具与侧生羽片同形的顶生羽片。
14. 羽片13~24对，偏斜的卵形；叶脉分离……… 斜基柳叶耳蕨 *P. minimum*
14. 羽片少于8(~10)对，披针形；叶脉沿中肋网结呈少数网眼 ……………………………………………………………… 柳叶耳蕨 *P. fraxinellum*
13. 叶片羽状，先端羽状分裂；叶脉分离。
15. 羽片狭披针形，基部对称或近对称……………… 离脉柳叶耳蕨 *P. tenuius*
15. 羽片偏斜的三角状镰状或镰状披针形，基部明显不对称…………………………………………………………………… 相似柳叶耳蕨 *P. simile*
12. 囊群在中肋两侧各2或多行,羽片基部不对称,叶脉网结呈1或2行网眼(假贯众耳蕨组 *P.* sect. *Adenolepia*)。
16. 羽片基部略不对称，基部上侧近无耳凸………… 虎克耳蕨 *P. hookerianum*
16. 羽片基部显著不对称，基部上侧具显著耳凸。
17. 羽片密接，通常中肋两侧具1行网眼；中肋强度弯曲 …………………………………………………………………………… 单行耳蕨 *P. uniseriale*
17. 羽片疏离，通常中肋两侧具2或3行网眼；中肋近通直 …………………………………………………………………………… 巴郎耳蕨 *P. balansae*

11. 叶纸质或薄纸质；羽片长圆形或披针形，通常长为宽的1~2倍，中部羽片宽远小于1cm（除了尖齿耳蕨）；叶脉分离（半羽耳蕨组 *P.* sect. *Haplopolystichum*）。
18. 小脉先端棒状，显著膨大。
19. 羽片波状或具浅齿，叶脉均粗壮并明显隆起……………………………………………………………………………… 粗脉耳蕨 *P. crassinervium*
19. 羽片具不规则（不整齐）的齿，通常在齿牙尖端具短小刺；小脉顶端隆起更明显。
20. 羽片先端急尖；大多数羽片平展或斜展………… 宜昌耳蕨 *P. ichangense*
20. 羽片先端圆；大多数羽片反折……………武陵山耳蕨 *P. wulingshanense*
18. 小脉先端线形，不膨大。
21. 羽片三角形，下部的羽片近等边三角形；羽片具8~12粗糙和具芒齿牙……………………………………………………………………… 粗齿耳蕨 P. subdeltodon
21. 羽片各形，但不为三角形，具或无齿牙。
22. 羽片圆头、圆截头或截头（有或无顶尖）。
23. 羽片边缘具芒刺齿，截头。
24. 羽片近革质，上面无光泽，绿色；叶轴鳞片披针形或阔披针形，渐尖头……………………………………………………… 正宇耳蕨 *P. liui*
24. 羽片革质，上面有光泽，深绿色；叶轴鳞片卵形，尾状………………………………………………………………… 亮叶耳蕨 *P. lanceolatum*
23. 羽片边缘具浅齿或近全缘，但不具芒刺齿，圆头或圆截头。
25. 耳凸三角形，发育良好；仅上部羽片能育…………圆顶耳蕨 *P. dielsii*
25. 耳凸圆，少发育完整；大多数羽片能育……………………………………………………………………… 拟对生耳蕨 *P. pseudodeltodon*
22. 羽片渐尖头或急尖头。
26. 近所有羽片明显斜展；叶片具大于20对羽片……………………………………………………………上斜刀羽耳蕨 *P. assurgentipinnum*
26 大多数羽片平展或反折，仅上部羽片斜展。
27. 羽片的长宽比小于2∶1……………………………… 对生耳蕨 *P. deltodon*
27. 羽片的长宽比为约3∶1或更大。
28. 叶片线状披针形，通常宽小于3cm；羽片40~100对，短于1.5cm，宽小于5mm…………………………………… 多羽耳蕨 *P. subacutidens*
28. 叶片披针形，3~12cm宽；羽片长2~6cm，宽2~10mm………………………………………………………………………… 尖齿耳蕨 *P. acutidens*
1. 植株常绿或夏绿；叶片二回羽状或二回羽状分裂；若叶片一回羽状则小鳞片宽型（芒刺耳蕨组，狭叶芽胞耳蕨组；鞭果耳蕨组除外），但叶轴先端不延长（鞭叶耳蕨组除外）。
29. 叶片硬，革质或近革质，上面通常有光泽，二回羽状或三回羽状分裂；羽片先端齿状和具硬尖刺，通常边缘也有；囊群生于小脉顶端（刺叶耳蕨组 *P.* sect. *Xiphopolystichum*）。
30. 叶轴鳞片棕色或红棕色，形态各异。
31. 叶片一回羽状，线状披针形，1.8~2.5cm宽 ……… 菱羽耳蕨 *P. rhomboideum*
31. 叶片二回羽状至二回羽状分裂，椭圆形或阔披针形，宽过(5~)6cm。

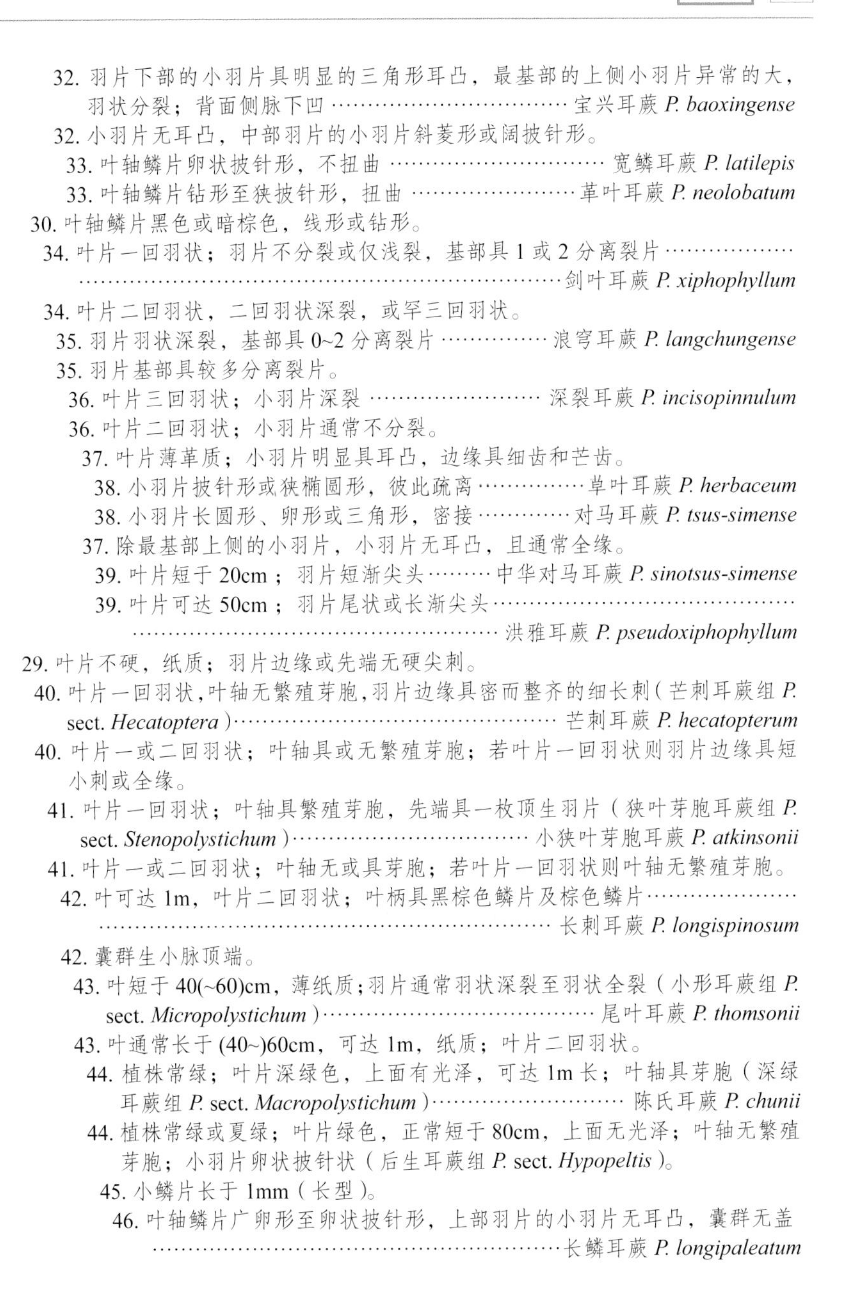

32. 羽片下部的小羽片具明显的三角形耳凸，最基部的上侧小羽片异常的大，羽状分裂；背面侧脉下凹 ……………………………… 宝兴耳蕨 *P. baoxingense*
32. 小羽片无耳凸，中部羽片的小羽片斜菱形或阔披针形。
33. 叶轴鳞片卵状披针形，不扭曲 ………………………… 宽鳞耳蕨 *P. latilepis*
33. 叶轴鳞片钻形至狭披针形，扭曲 …………………… 革叶耳蕨 *P. neolobatum*
30. 叶轴鳞片黑色或暗棕色，线形或钻形。
34. 叶片一回羽状；羽片不分裂或仅浅裂，基部具 1 或 2 分离裂片 ……………………………………………………………………剑叶耳蕨 *P. xiphophyllum*
34. 叶片二回羽状，二回羽状深裂，或罕三回羽状。
35. 羽片羽状深裂，基部具 0~2 分离裂片 …………… 浪穹耳蕨 *P. langchungense*
35. 羽片基部具较多分离裂片。
36. 叶片三回羽状；小羽片深裂 …………………… 深裂耳蕨 *P. incisopinnulum*
36. 叶片二回羽状；小羽片通常不分裂。
37. 叶片薄革质；小羽片明显具耳凸，边缘具细齿和芒齿。
38. 小羽片披针形或狭椭圆形，彼此疏离 …………… 草叶耳蕨 *P. herbaceum*
38. 小羽片长圆形、卵形或三角形，密接 ………… 对马耳蕨 *P. tsus-simense*
37. 除最基部上侧的小羽片，小羽片无耳凸，且通常全缘。
39. 叶片短于 20cm；羽片短渐尖头……… 中华对马耳蕨 *P. sinotsus-simense*
39. 叶片可达 50cm；羽片尾状或长渐尖头………………………………………………………………………………… 洪雅耳蕨 *P. pseudoxiphophyllum*
29. 叶片不硬，纸质；羽片边缘或先端无硬尖刺。
40. 叶片一回羽状，叶轴无繁殖芽胞，羽片边缘具密而整齐的细长刺（芒刺耳蕨组 *P.* sect. *Hecatoptera*）…………………………………… 芒刺耳蕨 *P. hecatopterum*
40. 叶片一或二回羽状；叶轴具或无繁殖芽胞；若叶片一回羽状则羽片边缘具短小刺或全缘。
41. 叶片一回羽状；叶轴具繁殖芽胞，先端具一枚顶生羽片（狭叶芽胞耳蕨组 *P.* sect. *Stenopolystichum*）…………………………… 小狭叶芽胞耳蕨 *P. atkinsonii*
41. 叶片一或二回羽状；叶轴无或具芽胞；若叶片一回羽状则叶轴无繁殖芽胞。
42. 叶可达 1m，叶片二回羽状；叶柄具黑棕色鳞片及棕色鳞片 ………………………………………………………………………… 长刺耳蕨 *P. longispinosum*
42. 囊群生小脉顶端。
43. 叶短于 40(~60)cm，薄纸质；羽片通常羽状深裂至羽状全裂（小形耳蕨组 *P.* sect. *Micropolystichum*）………………………………… 尾叶耳蕨 *P. thomsonii*
43. 叶通常长于 (40~)60cm，可达 1m，纸质；叶片二回羽状。
44. 植株常绿；叶片深绿色，上面有光泽，可达 1m 长；叶轴具芽胞（深绿耳蕨组 *P.* sect. *Macropolystichum*）……………………… 陈氏耳蕨 *P. chunii*
44. 植株常绿或夏绿；叶片绿色，正常短于 80cm，上面无光泽；叶轴无繁殖芽胞；小羽片卵状披针状（后生耳蕨组 *P.* sect. *Hypopeltis*）。
45. 小鳞片长于 1mm（长型）。
46. 叶轴鳞片广卵形至卵状披针形，上部羽片的小羽片无耳凸，囊群无盖 ………………………………………………………………长鳞耳蕨 *P. longipaleatum*

46. 叶轴鳞片各异，上部羽片的小羽片明显具耳凸，囊群有盖 ……………………………………………………………………… 布朗耳蕨 *P. braunii*

45. 小鳞片短于 0. 6mm（短型），叶柄具卵形、卵状披针形或阔披针形鳞片。

47. 除了叶轴基部，叶轴无卵状披针形鳞片；小羽片镰状三角形；囊群盖具浅齿 …………………………………………………… 黑鳞耳蕨 *P. makinoi*

47. 叶轴具卵状披针形鳞片

48. 囊群近边缘。

49. 叶片三角状披针形；叶轴鳞片线形和钻形；小羽片镰状三角形，渐尖头；囊群盖啮蚀状 ……………………… 尖头耳蕨 *P. acutipinnulum*

49. 叶片三角状卵形；叶轴鳞片披针形和线形；小羽片长圆形或长圆状卵形，钝头；囊群盖全缘 ……………… 假黑鳞耳蕨 *P. pseudomakinoi*

48. 囊群中生或近中脉。

50. 叶轴全部具卵状披针形鳞片，小羽片边缘长芒齿 …………………………………………………………… 长芒耳蕨 *P. longiaristatum*

50. 叶轴无或仅下部具卵状披针形鳞片；小羽片边缘短芒齿 ……………………………………………………………………… 黑鳞耳蕨 *P. makinoi*

鞭叶耳蕨

Polystichum lepidocaulon **(Hook.) J. Sm.（野外未见）**

安徽、江苏、浙江、江西、湖南、福建、台湾、广东、广西；日本、韩国。

鞭叶耳蕨

华北耳蕨（鞭叶耳蕨）
Polystichum craspedosorum (Maxim.) Diels

黑龙江、吉林、辽宁、河北、天津、北京、山西、山东、河南、陕西、宁夏、甘肃、浙江、湖南、湖北、四川、重庆、贵州、云南；日本、韩国、俄罗斯。

华北耳蕨

蚀盖耳蕨
Polystichum erosum Ching & K. H. Shing

河南、甘肃、湖南、湖北、四川、重庆、贵州、云南。

蚀盖耳蕨

宪需耳蕨
Polystichum kungianum H. He et Li Bing Zhang

湖南、重庆。

宪需耳蕨

戟叶耳蕨
Polystichum tripteron (Kunze) C. Presl

黑龙江、吉林、辽宁、河北、北京、山东、河南、陕西、甘肃、安徽、江苏、浙江、江西、湖南、湖北、四川、重庆、贵州、福建、广东、广西；日本、韩国、俄罗斯。

戟叶耳蕨

小戟叶耳蕨
Polystichum hancockii (Hance) Diels

河南、安徽、浙江、江西、湖南、福建、台湾、广东、广西；日本、韩国。

小戟叶耳蕨

渝黔耳蕨
Polystichum normale Ching ex P. S. Wang et Li Bing Zhang

湖南、重庆、贵州。

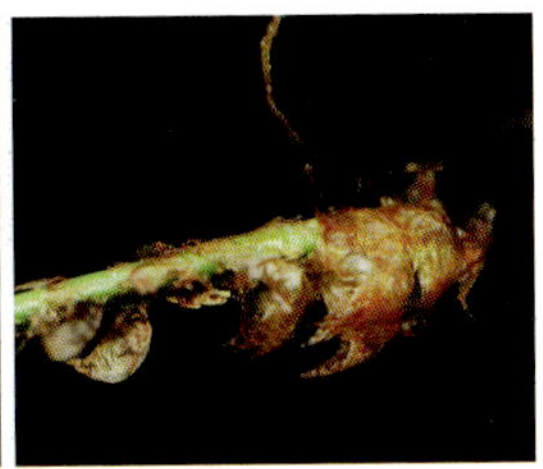

渝黔耳蕨

角状耳蕨
Polystichum alcicorne (Baker) Diels

四川、重庆、贵州。

角状耳蕨

杰出耳蕨
Polystichum excelsius Ching & Z. Y. Liu

湖南、湖北、重庆。

杰出耳蕨

斜基柳叶耳蕨（斜基柳叶蕨）
Polystichum minimum (Y. T. Hsieh) Li Bing Zhang

Cyrtogonellum inaequale (Christ) Ching

小柳叶蕨 *Cyrtogonellum minimum* Y. T. Hsieh

重庆、贵州、广西。

斜基柳叶耳蕨

柳叶耳蕨（柳叶蕨）
Polystichum fraxinellum (Christ) Diels

Cyrtogonellum fraxinellum (Christ) Ching

峨眉柳叶蕨 *Cyrtogonellum omeiense* Ching ex Y. T. Hsieh

湖南、湖北、四川、重庆、贵州、云南、台湾、广东、广西；越南。

柳叶耳蕨

离脉柳叶耳蕨（离脉柳叶蕨）

***Polystichum tenuius* (Ching) Li Bing Zhang**

Cyrtogonellum caducum Ching

湖南、四川、重庆、贵州、云南、广东、广西；越南。

离脉柳叶耳蕨

相似柳叶耳蕨（相似柳叶蕨）

***Polystichum simile* (Ching ex Y. T. Hsieh) Li Bing Zhang**（野外未见）

Cyrtogonellum simile Ching ex Y. T. Hsieh

贵州、云南。

虎克耳蕨（尖羽贯众）

***Polystichum hookerianum* (C. Presl) C. Chr.**

Cyrtomium hookerianum (C. Presl) C. Chr.

湖南、四川、重庆、贵州、云南、西藏、台湾、广西；越南、不丹、尼泊尔、印度。

虎克耳蕨

单行耳蕨（单行贯众）
***Polystichum uniseriale* (Ching ex K. H. Shing) Li Bing Zhang**（野外未见）

湖南、四川、重庆、广西。

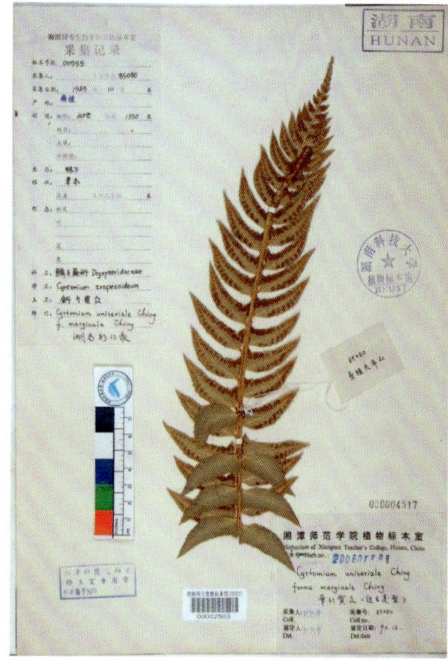

单行耳蕨

巴郎耳蕨（镰羽贯众）
***Polystichum balansae* Christ**

Cyrtomium balansae (Christ) C.Chr.

山东、安徽、浙江、江西、湖南、重庆、贵州、福建、广东、广西、海南、香港；日本、越南。

巴郎耳蕨

粗脉耳蕨
Polystichum crassinervium Ching ex W. M. Chu & Z. R. He

湖南、湖北、贵州、广东、广西。

粗脉耳蕨

宜昌耳蕨
Polystichum ichangense Christ

湖南、湖北、四川、重庆、贵州、福建。

宜昌耳蕨

武陵山耳蕨
***Polystichum wulingshanense* S. F. Wu**

湖南、湖北。

武陵山耳蕨

粗齿耳蕨
***Polystichum subdeltodon* Ching**（野外未见）

Polystichum grossidentatum Ching

四川、重庆、云南。

粗齿耳蕨

正宇耳蕨
Polystichum liui **Ching**

湖南、湖北、四川、重庆、贵州、广西。

正宇耳蕨

亮叶耳蕨
Polystichum lanceolatum **(Baker) Diels**

河南、江西、湖南、湖北、四川、重庆、贵州、云南。

圆顶耳蕨
Polystichum dielsii **Christ**

厚盖耳蕨 *Polystichum craspedocarpium* Ching & W. M. Chu ex L. L. Xiang

湖南、湖北、四川、重庆、贵州、云南、广西；越南。

亮叶耳蕨　　圆顶耳蕨

拟对生耳蕨
Polystichum pseudodeltodon **Tagawa（野外未见）**

湖南、台湾。

上斜刀羽耳蕨
Polystichum assurgentipinnum **W. M. Chu et B. Y. Zhang**

四川、重庆。

上斜刀羽耳蕨

对生耳蕨
Polystichum deltodon **(Baker) Diels**

安徽、浙江、湖南、湖北、四川、重庆、贵州、云南、台湾、广东、广西。

对生耳蕨

多羽耳蕨
Polystichum subacutidens **Ching ex L. L. Xiang**

贵州、云南、广西；越南。

多羽耳蕨

尖齿耳蕨
***Polystichum acutidens* Christ**

浙江、湖南、湖北、四川、重庆、贵州、云南、西藏、台湾、广西；越南、缅甸、泰国、印度。

尖齿耳蕨

菱羽耳蕨
***Polystichum rhomboideum* Ching**

甘肃、湖南、四川、云南。

菱羽耳蕨

宝兴耳蕨
***Polystichum baoxingense* Ching & H. S. Kung（野外未见）**

陕西、湖南、湖北、四川、贵州。

宽鳞耳蕨
***Polystichum latilepis* Ching & H. S. Kung**

安徽、浙江、江西、湖北、重庆。

宽鳞耳蕨

革叶耳蕨
***Polystichum neolobatum* Nakai**

河南、陕西、宁夏、甘肃、安徽、浙江、江西、湖南、湖北、四川、重庆、贵州、云南、西藏、台湾；日本、不丹、尼泊尔、印度。

革叶耳蕨

剑叶耳蕨

***Polystichum xiphophyllum* (Baker) Diels**

甘肃、湖南、湖北、四川、重庆、贵州、云南、台湾、广西。

剑叶耳蕨

浪穹耳蕨

***Polystichum langchungense* Ching ex H. S. Kung**

Polystichum fengjieense Ching

湖南、四川、贵州、云南。

浪穹耳蕨

深裂耳蕨
Polystichum incisopinnulum **H. S. Kung et Li Bing Zhang**

湖南、四川、重庆、贵州。

深裂耳蕨

草叶耳蕨
Polystichum herbaceum **Ching et Z. Y. Liu**

湖南、湖北、四川、重庆、贵州。

对马耳蕨
Polystichum tsus-simense **(Hook.) J. Sm.**
Polystichum falcilobum Ching

吉林、山东、河南、陕西、甘肃、安徽、江苏、上海、浙江、江西、湖南、湖北、四川、重庆、贵州、云南、西藏、福建、台湾、广东、广西；日本、韩国、越南、印度。

中华对马耳蕨
Polystichum sinotsus-simense **Ching & Z. Y. Liu**

湖南、湖北、四川、重庆、贵州。

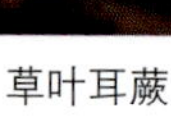

草叶耳蕨

对马耳蕨

中华对马耳蕨

洪雅耳蕨
Polystichum pseudoxiphophyllum Ching ex H. S. Kung

江西、湖南、四川、重庆、贵州、云南、广东。

洪雅耳蕨

芒刺耳蕨
Polystichum hecatopterum Diels

浙江、江西、湖南、湖北、四川、重庆、贵州、云南、西藏、台湾、广西。

芒刺耳蕨

小狭叶芽胞耳蕨
Polystichum atkinsonii Bedd.

陕西、湖南、湖北、四川、重庆、贵州、云南、西藏；日本、不丹、尼泊尔、印度。

小狭叶芽胞耳蕨

长刺耳蕨
Polystichum longispinosum Ching ex Li Bing Zhang et H. S. Kung

多小羽耳蕨 *Polystichum multipinnulum* Ching, H. S. Kung et L. B. Zhan, ined.

湖北、四川、贵州、云南。

长刺耳蕨

尾叶耳蕨
Polystichum thomsonii (J. D. Hook.) Bedd.

甘肃、四川、贵州、云南、西藏、台湾；缅甸、不丹、尼泊尔、印度、巴基斯坦、阿富汗。

尾叶耳蕨

陈氏耳蕨
Polystichum chunii Ching

湖南、贵州、云南、广西、海南。

陈氏耳蕨

长鳞耳蕨
Polystichum longipaleatum Christ

线鳞耳蕨 *Polystichum setosum* (C. B. Clarke) Khullar et S. C. Gupta

湖南、四川、重庆、贵州、云南、西藏、广西；不丹、尼泊尔、印度。

长鳞耳蕨

布朗耳蕨
Polystichum braunii (Spenn.) Fée（野外未见）

黑龙江、吉林、辽宁、河北、北京、山西、河南、陕西、甘肃、新疆、安徽、湖北、四川、西藏；日本、韩国、欧洲、北美洲。

黑鳞耳蕨
Polystichum makinoi (Tagawa) Tagawa

河北、河南、陕西、宁夏、甘肃、安徽、江苏、浙江、江西、湖南、湖北、四川、重庆、贵州、云南、西藏、福建、广东、广西；日本、不丹、尼泊尔。

黑鳞耳蕨

尖头耳蕨
Polystichum acutipinnulum **Ching & K. H. Shing**（野外未见）

河南、湖南、湖北、四川、重庆、贵州、云南、福建。

假黑鳞耳蕨
Polystichum pseudomakinoi **Tagawa**

河南、安徽、江苏、浙江、江西、湖南、四川、重庆、贵州、云南、福建、广东、广西；日本。

假黑鳞耳蕨

长芒耳蕨
Polystichum longiaristatum **Ching, Boufford & K. H. Shing**（野外未见）

陕西、甘肃、湖南、湖北、西藏。

舌蕨亚科 Subfamily Elaphoglossoideae

实蕨属 *Bolbitis*

仅长叶实蕨（*Bolbitis heteroclita*）1 种，侧生羽片 1 对，顶生羽片远较长，产湖南保靖白云山地；武陵山区南部还可能产华南实蕨，侧生羽片 6~10 对，顶生羽片较短。

长叶实蕨
Bolbitis heteroclita (C. Presl) Ching

四川、重庆、贵州、云南、福建、台湾、广东、广西、海南；日本、菲律宾、越南、缅甸、泰国、印度尼西亚、尼泊尔、印度、孟加拉国、新几内亚、马来群岛。

长叶实蕨

舌蕨属 *Elaphoglossum*

3 种，均在湖南张家界森林公园有分布。华南舌蕨（*Elaphoglossum yoshinagae*）叶片顶端渐尖，叶柄较短，叶片基部长下延；舌蕨（*E. marginatum*）叶片顶端渐尖，叶柄明显，叶片基部不下延；华南吕宋舌蕨（*E. luzonicum* var. *mcclurei*）叶片先端圆钝，有明显叶柄，叶片边缘有明显软骨质狭边。

1. 不育叶片圆头，幼叶边缘具较密的披针形至卵形鳞片，叶片基部狭楔形 ……………………………………………………………… 华南吕宋舌蕨 *E. luzonicum* var. *mcclurei*
1. 不育叶片渐尖头或急尖头。
  2. 不育叶片渐下延至近叶柄基部，具短柄或近无柄 ………… 华南舌蕨 *E. yoshinagae*
  2. 不育叶片短下延，具长柄 ……………………………………………… 舌蕨 *E. marginatum*

华南吕宋舌蕨（琼崖舌蕨）
Elaphoglossum luzonicum Copel. var. *mcclurei* (Ching) F. G. Wang et F. W. Xing

湖南、广东、海南。

华南吕宋舌蕨

华南舌蕨
Elaphoglossum yoshinagae **(Yatabe) Makino**

浙江、江西、湖南、贵州、福建、台湾、广东、广西、海南、香港；日本。

华南舌蕨

舌蕨
Elaphoglossum marginatum **T. Moore**（野外未见）

江西、湖南、四川、贵州、云南、西藏、福建、台湾、广东、广西、海南；菲律宾、越南、马来西亚、印度尼西亚、不丹、尼泊尔、印度。

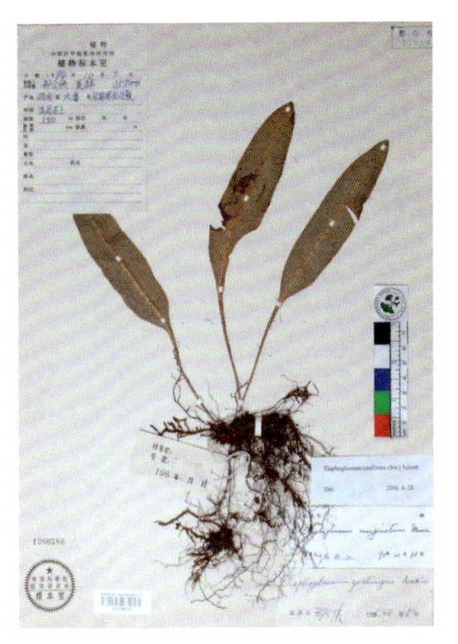

舌蕨

肾蕨科 Nephrolepidaceae（1/1）

中型草本，土生或附生，少有攀缘。根状茎短而直立，并有细瘦的匍匐枝，生有小块茎，二者均被鳞片；鳞片以伏贴的阔腹部盾状着生，向边缘色变淡而较薄，往往有睫毛。叶一型，叶片长而狭，披针形或椭圆披针形，一回羽状，羽片多数，基部不对称，无柄，以关节着生于叶轴，全缘或多少具缺刻。叶脉分离，侧脉羽状，几达叶边，小脉先端具明显的水囊，上面往往有1个白色的石灰质小鳞片。孢子囊群单一，圆形，偶有两侧汇合，顶生于每组叶脉的上侧一小脉；囊群盖圆肾形或少为肾形，以缺刻着生，向外开，宿存或几消失。孢子囊为水龙骨形，不具隔丝。孢子两侧对称，椭圆形或肾形。

全世界有1属约19种，主要分布于热带地区。中国产6种。武陵山区产1种，肾蕨（*Nephrolepis cordifolia*），根状茎短而直立，根系发达，着生有球形块根，叶片一回羽状，小羽片基部有耳状突起，在各地常见分布。

肾蕨属 *Nephrolepis*

肾蕨
Nephrolepis cordifolia (L.) C. Presl

河北、北京、山东、河南、江苏、浙江、江西、湖南、四川、重庆、贵州、云南、西藏、福建、台湾、广东、广西、海南、香港、澳门；日本、韩国、菲律宾、越南、老挝、缅甸、泰国、柬埔寨、马来西亚、新加坡、印度尼西亚、不丹、尼泊尔、印度、孟加拉国、巴基斯坦、斯里兰卡、澳大利亚、太平洋岛屿、亚洲、非洲、美洲。

肾蕨

三叉蕨科 Tectariaceae（1/1）

中型至中大型土生植物，少为小型。根状茎短而直立或斜升（少有长而横走），有网状中柱。通常一回羽状至多回羽裂，少为单叶。叶脉多型：或为分离，小脉单一或分叉，或小脉沿小羽轴及主脉两侧连结成无内藏小脉的狭长网眼，或在侧脉间联结为多数方形或近六角形的网眼，网眼内有单一或分叉的内藏小脉或有时无内藏小脉。孢子囊群圆形，着生于分离小脉的顶端、近顶端或中部，或生于形成网眼的小脉上或交结处；囊群盖圆肾形或圆盾形，膜质，宿存或早落，或孢子囊漫生于小脉上，无盖，成熟时汇合并满布于狭缩的能育叶下面；孢子囊的环带有12~16个增厚细胞。孢子为两面形，椭圆形至卵形，单裂缝，周壁具褶皱或刺状纹饰。

全世界有7属250种，为泛热带的科。我国有3属[包括爬树蕨属（*Arthropteris*）]40种，分布于西南及华南热带和亚热带地区。武陵山区产1种，在武隆有发现：叉蕨属的大齿叉蕨（*Tectaria coadunata*），叶脉沿羽轴两侧形成1行狭长网眼，囊群大，生（内藏）小脉顶端，侧脉间2行。

叉蕨属 *Tectaria*

大齿叉蕨
***Tectaria coadunata* (J. Sm.) C. Chr.**

四川、重庆、贵州、云南、西藏、台湾、广东、广西；越南、老挝、缅甸、泰国、马来西亚、不丹、尼泊尔、印度、斯里兰卡、马达加斯加、热带非洲。

大齿叉蕨

水龙骨科 Polypodiaceae（14/67）

树附生或石附生植物。根状茎长或短而横走。鳞片基部着生（禾叶蕨）或盾状着生，或单层细胞呈网格状鳞片，或多层细胞呈厚纸质鳞片。叶一型或二型；单叶或一回羽状（裂），少多回羽状，叶柄有关节或无；叶脉常网结并在网眼内具游离小脉，偶见分离（禾叶蕨）；叶背常被鳞片、毛或腺体。孢子囊群长圆形、椭圆形或汇合成线形；无盖，常被鳞片。孢子囊具长柄，纵行环带。孢子肾形，单沟或三裂缝（禾叶蕨）。

水龙骨科主产热带地区，全世界 6 个亚科 65 属约 1652 种。中国 6 亚科 30 属 280 种。武陵山区产 14 属 67 种。

剑蕨亚科 Subfamily Loxogrammoideae

剑蕨属 *Loxogramme*

在武陵山区产 4 种。多附生于石上或树干基部，根状茎横走，密被具筛孔状黑色鳞片单叶，孢子囊群线形。匙叶剑蕨（*Loxogramme grammitoides*）是形态特别的小型蕨类，叶片倒披针形，长约 5cm；中华剑蕨（*L. chinensis*）形体稍大，叶片披针形；柳叶剑蕨（*L. salicifolia*）叶柄基部禾秆色；褐柄剑蕨（*L. duclouxii*）[原记载的黑足剑蕨（*L. saziran*）] 叶柄基部黑褐色。

1. 叶 3~10(~20)cm；孢子球形，三裂缝。
  2. 叶片匙形，倒披针形或线状披针形；囊群略下陷；根茎鳞片边缘略齿状…………………………………………………………………………匙叶剑蕨 *L. grammitoides*
  2. 叶片披针形或倒披针形，囊群表面生，根茎鳞片边缘全缘…………………………………………………………………………中华剑蕨 *L. chinensis*
1. 叶 20~35cm；孢子椭圆球形，单裂缝。
  3. 叶柄基部黄绿色或较淡……………………………………柳叶剑蕨 *L. salicifolia*
  3. 叶柄基部有光泽紫褐色或黑色…………………………………褐柄剑蕨 *L. duclouxii*

匙叶剑蕨

Loxogramme grammitoides **(Baker) C. Chr.**

河南、陕西、甘肃、安徽、浙江、江西、湖南、湖北、四川、重庆、贵州、云南、西藏、福建、台湾；日本。

中华剑蕨

Loxogramme chinensis **Ching**

安徽、浙江、江西、湖南、四川、重庆、贵州、云南、西藏、福建、台湾、广东、广西；越南、缅甸、泰国、不丹、尼泊尔、印度。

匙叶剑蕨　　中华剑蕨

柳叶剑蕨
***Loxogramme salicifolia* (Makino) Makino**

河南、陕西、甘肃、安徽、浙江、江西、湖南、湖北、四川、重庆、贵州、云南、西藏、台湾、广东、广西、香港；日本、韩国、越南、印度。

褐柄剑蕨
***Loxogramme duclouxii* Christ**

黑足剑蕨 *Loxogramme saziran* Tagawa ex M. G. Price

河南、陕西、甘肃、安徽、浙江、江西、湖南、湖北、四川、重庆、贵州、云南、台湾、广西；日本、韩国、越南、泰国、印度。

柳叶剑蕨　　褐柄剑蕨

鹿角蕨亚科 Subfamily Platycerioideae

石韦属 *Pyrrosia*

单叶，密被星状毛，孢子囊群圆形，满布叶背。武陵山区产 12 种，野外调查到 7 种。相近石韦（*Pyrrosia assimilis*）、柔软石韦（*P. mollis*）、西南石韦（*P. porosa*）、华北石韦（*P. davidii*）四者形态相近，在当地石灰岩地区有多份标本记录，但作者仅见 1 种；毡毛石韦（*P. drakeana*）与庐山石韦（*P. sheareri*）两者形态近似，但叶基部圆楔形不为心形，羽片背面星状毛分枝细长；石韦（*P. lingua*）、尾叶石韦（*P. caudifrons*）、矩圆叶石韦（*P. martinii*），现后两种均已并入石韦中，值得指出的是，在武陵山区分布的矩圆叶石韦其形态确实较其他地区有区别，叶片明显宽大，叶脉明显，可能需要进一步的深入研究；有柄石韦（*P. petiolosa*）在当地石灰岩地区常见，因具明显的长柄，容易辨别；三尖石韦（*P. tricuspsis*）现已并入戟叶石韦（*P. hastata*），这是一个中国华东至日本、朝鲜半岛分布的物种，形态十分独特，不易有错误鉴定，但我们没有见到采自武陵山区的标本，特附上产自我国安徽地区分布的物种照片。原记载的石蕨（*Saxiglossum angustissimum*）叶片狭线形，形态独特，现并入石韦属植物。

1. 囊群（汇生囊群）纵向伸长 …………………………………… 石蕨 *P. angustissima*
1. 所有囊群圆形或仅略伸长。
  2. 叶无柄或仅具短而通常不明显的柄，叶片基部渐下延。
    3. 不育部分的毛被仅具一型的星状毛，辐射线（分枝臂）不等长，叶片线状披针状 ……………………………………………………… 相近石韦 *P. assimilis*
    3. 不育部分的毛被二型，具卷曲和通直的辐射线（分枝臂），后者大多长度一致。
      4. 毛被一型；根茎鳞片 2~3mm ………………………………… 华北石韦 *P. davidii*
      4. 毛被二型；根茎鳞片 3. 5~7mm ……………………………… 柔软石韦 *P. porosa*
  2. 叶明显具柄，叶片基部楔形或截头。
    5. 根茎长横走；叶远生。
      6. 根茎纤维状，小于 1mm 粗；叶片略镰状；表层星状毛的辐射线（分枝臂）深棕色且不等长，通常每星状毛具 1 长针状的辐射线（分枝臂）指向背离叶片 ……………………………………………………………… 平滑石韦 *P. laevis*
      6. 根茎 1~4mm 粗；叶片非镰状；表层星状毛的辐射线（分枝臂）白色至灰棕色或棕色，贴生。
        7. 叶片长 (1. 5~)3~6(~10. 5)cm，侧脉不明晰 ……………… 有柄石韦 *P. petiolosa*
        7. 叶片长 (5~)10~20cm，侧脉明显 …………………………… 石韦 *P. lingua*
    5. 根茎短横走，叶近生。
      8. 叶片深戟状，根茎鳞片盾状着生 ……………………………… 戟叶石韦 *P. hastata*
      8. 叶片单一或至多基部具一些短裂片；根茎鳞片近盾状。
        9. 毛被密，宿存；叶片基部不对称至强度不对称，截头。
          10. 毛被具一型、宽的、平直辐射线（分枝臂），叶片基部强度不对称…………………………………………………………………… 庐山石韦 *P. sheareri*

10. 毛被具二型辐射线（分枝臂），通直；叶片基部略不对称……………………………………………………………………………………………………毡毛石韦 *P. drakeana*

9. 毛被薄，早落或宿存；叶片基部对称或略不对称。

11. 叶片基部楔形或截形，长 15~25cm，宽 3.5~5cm；叶柄明显，8~22cm ……………………………………………………………………………………相似石韦 *P. similis*

11. 叶片基部渐狭缩；叶柄与叶片不明显分开，小于 15cm；毛被早落，叶成熟时稀疏或无 ……………………………………………………………………光石韦

石蕨

Pyrrosia angustissima (Giesenh. ex Diels) Tagawa et K. Iwats.

Saxiglossum angustissimum (Giesenh. ex Diels) Ching

山西、河南、陕西、甘肃、安徽、浙江、江西、湖南、湖北、四川、重庆、贵州、云南、福建、台湾、广东、广西；日本、泰国。

石蕨

相近石韦

Pyrrosia assimilis (Baker) Ching

河南、新疆、安徽、浙江、江西、湖南、湖北、四川、重庆、贵州、云南、福建、广东、广西。

相近石韦

华北石韦
***Pyrrosia davidii* (Giesenh. ex Diels) Ching**（野外未见）

西南石韦 *Pyrrosia gralla* (Giesenh.) Ching

辽宁、内蒙古、河北、天津、北京、山西、山东、河南、陕西、宁夏、甘肃、湖南、湖北、四川、重庆、贵州、云南、西藏、台湾。

柔软石韦
***Pyrrosia porosa* (C. Presl) Hovenkamp**（野外未见）

浙江、湖南、四川、重庆、贵州、云南、西藏、台湾、广西、海南；菲律宾、越南、缅甸、泰国、不丹、印度、斯里兰卡。

平滑石韦
***Pyrrosia laevis* (J. Sm. ex Bedd.) Ching**

湖南、云南；缅甸、印度。

有柄石韦
***Pyrrosia petiolosa* (Christ) Ching**

黑龙江、吉林、辽宁、内蒙古、河北、天津、山西、山东、河南、陕西、甘肃、安徽、江苏、浙江、江西、湖南、湖北、四川、重庆、贵州、云南、福建、广西；蒙古、韩国、俄罗斯。

平滑石韦

有柄石韦

石韦
Pyrrosia lingua (Thunb.) Farw.

矩圆石韦 *Pyrrosia martinii* (Christ) Ching

尾状石韦 *Pyrrosia caudifrons* Ching, Boufford & Shing

河南、甘肃、安徽、江苏、浙江、江西、湖南、湖北、四川、重庆、贵州、云南、西藏、福建、台湾、广东、广西、海南、香港、澳门；日本、韩国、越南、缅甸、印度。

石韦

戟叶石韦
Pyrrosia hastata (Houtt.) Ching（野外未见）

三尖石韦 *Pyrrosia tricuspis* (Sw.) Tagawa

安徽、湖南；日本、韩国。

戟叶石韦（照片拍自安徽大别山）

庐山石韦
***Pyrrosia sheareri* (Baker) Ching**

河南、安徽、江苏、浙江、江西、湖南、湖北、四川、重庆、贵州、云南、福建、台湾、广东、广西；越南。

庐山石韦

毡毛石韦
***Pyrrosia drakeana* (Franch.) Ching**（野外未见）

河南、陕西、甘肃、湖北、四川、重庆、贵州、云南、西藏、广西；印度。

相似石韦
***Pyrrosia similis* Ching**（野外未见）

四川、贵州、广西。

光石韦
***Pyrrosia calvata* (Baker) Ching**

河南、陕西、甘肃、安徽、浙江、江西、湖南、湖北、四川、重庆、贵州、云南、福建、广东、广西、海南。

光石韦

槲蕨亚科 Subfamily Drynarioideae

节肢蕨属 *Arthromeris*

在武陵山区有3种，节肢蕨（*Arthromeris lehmannii*）、龙头节肢蕨（*A. lungtauensis*）和多羽节肢蕨（*A. mairei*）。

1. 植株土生；羽片可达12对，长10~15cm；叶片背面光滑无毛……………………………………………………………………多羽节肢蕨 *A. mairei*
1. 植株附生；羽片5~7对，长5~12cm；叶片背面光滑、被柔毛或茸毛。
   2. 叶片15~20cm宽，背面光滑或疏被柔毛；囊群不规则散生呈2或3行不定……………………………………………………………………节肢蕨 *A. lehmannii*
   2. 叶片25~30cm宽，背面密被柔毛；囊群3~5行，有时成对汇合……………………………………………………………………龙头节肢蕨 *A. lungtauensis*

多羽节肢蕨
Arthromeris mairei (Brause) Ching

陕西、江西、湖南、湖北、四川、重庆、贵州、云南、西藏、广西；缅甸、印度。

多羽节肢蕨

节肢蕨
Arthromeris lehmannii (Mett.) Ching

浙江、江西、湖南、湖北、四川、重庆、贵州、云南、西藏、台湾、广东、广西、海南；菲律宾、越南、缅甸、泰国、不丹、尼泊尔、印度。

龙头节肢蕨
Arthromeris lungtauensis Ching

浙江、江西、湖南、湖北、四川、重庆、贵州、云南、福建、广东、广西；越南、老挝、尼泊尔。

节肢蕨　　龙头节肢蕨

槲蕨属 *Drynaria*

在武陵山区仅 1 种，槲蕨（*Drynaria fortunei*），孢子叶与营养叶分离，喜附生在石灰岩石壁及溪边枫杨树上。该种在《植物名实图考》中称为骨碎补，其根状茎入药。

槲蕨
Drynaria roosii Nakaike

青海、安徽、江苏、浙江、江西、湖南、湖北、四川、重庆、贵州、云南、福建、台湾、广东、广西、海南；越南、老挝、泰国、柬埔寨、印度。

槲蕨

修蕨属 *Selliguea*

包括《武陵山维管植物检索表》记载的所有 11 种假瘤蕨属（*Phymatopteris*）植物，本书野外调查到 7 种。金鸡脚假瘤蕨（*Selliguea hastata*）在当地常见，叶形变化较大；大果假瘤蕨（*S. griffithiana*）形态特别，叶形较大，在湖南桑植、石门和贵州江口等地均有记载；当地记载了裸名指状假瘤蕨（*P. digitifolia*），我们也在该地采集到了 2 种类似标本：叶柄栗色、裂片尖头的掌叶假瘤蕨（*S. digitata*）和叶柄淡黄色、裂片圆钝的指叶假瘤蕨（*S. dactylina*）。此外，该地区还记载有交连假瘤蕨（*P. conjucta*）、陕西假瘤蕨（*P. shenxiensis*）和斜下假瘤蕨（*P. stracheyi*）等叶片羽状深裂的种类，现也并入修蕨属，作者仅见 1 份采自印江梵净山的交连假瘤蕨的标本。此外还记载有形态特别的二型叶的喙叶假瘤蕨，及叶柄细长的细柄假瘤蕨，但作者未见标本。

1. 所有叶片单一，线形、披针形或卵形。
 2. 叶二型；不育叶片卵形，能育叶片较狭，线形或卵状披针形……………………………………………………喙叶假瘤蕨 *S. rhynchophylla*
 2. 叶一型；叶片长圆形、卵形或线形。
  3. 边缘具缺刻。
   4. 囊群在远轴面下陷，在近轴面隆起……………………屋久假瘤蕨 *S. yakushimensis*
   4. 囊群表面生。
    5. 叶片基部截形或圆形，叶片 3~6cm 宽，边缘缺刻有时不明显……………………………………………………宽底假瘤蕨 *S. majoensis*
    5. 叶片基部楔形至圆形。
     6. 叶片 5~7mm 宽，草质……………………………细柄假瘤蕨 *S. tenuipes*
     6. 叶片 10~20mm 宽，纸质或草质……………………金鸡脚假瘤蕨 *S. hastata*
  3. 边缘全缘或波状。
   7. 叶片基部截形或圆形，远轴表面灰白色………………宽底假瘤蕨 *S. majoensis*
   7. 叶片基部阔楔形，远轴表面黄绿色…………………大果假瘤蕨 *S. griffithiana*
1. 至少一些叶片深分裂、戟状分裂、掌状分裂、羽状分裂或羽状全裂。
 8. 分裂叶片至多戟状，基部具 2 枚侧生裂片………………金鸡脚假瘤蕨 *S. hastata*
 8. 至少一些分裂叶片为掌状，具大于 2 枚的侧生裂片或羽状分裂。
  9. 叶片掌状分裂，具 4~6 裂片。
   10. 叶柄栗色，基部被鳞片；株 5~10cm 高，叶片 5~9cm×5-9cm……………………………………………………掌叶假瘤蕨 *S. digitata*
   10. 叶柄淡黄色，光滑；株 20~30cm 高，叶片 10~20cm×10-15cm……………………………………………………指叶假瘤蕨 *S. dactylina*
  9. 叶片羽状分裂，侧生裂片 / 羽片 1~10 对。
   11. 侧生裂片钝头或急尖头……………………………陕西假瘤蕨 *S. senanensis*
   11. 侧生裂片渐尖头或尾状渐尖头，叶片基部 1 对裂片反折。
    12. 侧生裂片从基部至先端渐狭缩……………………斜下假瘤蕨 *S. stracheyi*
    12. 侧生裂片卵状披针形，基部略狭缩…………………交连假瘤蕨 *S. conjuncta*

喙叶假瘤蕨

Selliguea rhynchophylla (Hook.) Fraser-Jenk.

Phymatopsis rhynchophylla (Hook.) J. Sm.

江西、湖南、湖北、四川、重庆、贵州、云南、福建、台湾、广东、广西；菲律宾、越南、老挝、缅甸、泰国、柬埔寨、印度尼西亚、尼泊尔、印度。

喙叶假瘤蕨

屋久假瘤蕨

Selliguea yakushimensis (Makino) Fraser-Jenk.（野外未见）

福建假瘤蕨 *Phymatopteris fukienensis* (Ching) Pic. Serm.

浙江、江西、湖南、四川、贵州、福建、台湾、广西；日本、韩国。

宽底假瘤蕨

Selliguea majoensis (C. Chr.) Fraser-Jenk.

Phymatopteris majoensis (C. Chr.) Pic. Serm.

陕西、安徽、江西、湖南、湖北、四川、重庆、贵州、云南、广西。

屋久假瘤蕨（照片拍自浙江）

宽底假瘤蕨

细柄假瘤蕨

***Selliguea tenuipes* (Ching) S. G. Lu**（野外未见）

Phymatopteris tenuipes (Ching) Pic. Serm.

湖南、四川、重庆、贵州。

金鸡脚假瘤蕨

***Selliguea hastata* (Thunb.) Fraser-Jenk.**

Phymatopsis hastata (Thunb.) Kitag. ex H. Itô

城口假瘤蕨 *Phymatopteris chenkouensis* (Ching) Pic. Serm.

单叶金鸡脚 *Phymatopsis hastata* (Thunb.) Pic. Serm. f. *simplex* (Christ) Ching

Phymatopsis hastata f. *dolichopoda* (Diels) Ching

辽宁、山东、河南、陕西、甘肃、安徽、江苏、浙江、江西、湖南、湖北、四川、重庆、贵州、云南、西藏、福建、台湾、广东、广西；日本、韩国、菲律宾、俄罗斯。

金鸡脚假瘤蕨

大果假瘤蕨

***Selliguea griffithiana* (Hook.) Fraser-Jenk.**

Phymatodes griffithiana (Hook.) Ching

安徽、湖南、四川、重庆、贵州、云南、西藏；越南、缅甸、泰国、不丹、尼泊尔、印度。

大果假瘤蕨

掌叶假瘤蕨

***Selliguea digitata* (Ching) S. G. Lu**

Phymatodes digitata Ching

浙江、贵州、广东。

指叶假瘤蕨

***Selliguea dactylina* (Christ) S. G. Lu**

浙江、四川、重庆、贵州。

掌叶假瘤蕨　　指叶假瘤蕨

陕西假瘤蕨

***Selliguea senanensis* (Maxim.) S. G. Lu**（野外未见）

Phymatopteris shensiensis (Christ) Pic. Serm.

山西、河南、陕西、四川、重庆、云南、西藏；日本。

陕西假瘤蕨（照片拍自重庆金佛山）

斜下假瘤蕨

***Selliguea stracheyi* (Ching) S. G. Lu**（野外未见）

Phymatopteris stracheyi (Ching) Pic. Serm.

湖南、湖北、四川、贵州、云南、西藏；不丹、尼泊尔、印度。

交连假瘤蕨

***Selliguea conjuncta* (Ching) S. G. Lu, Hovenkamp & M. G. Gilbert**

Phymatopteris conjuncta (Ching) Pic. Serm.

河南、陕西、甘肃、安徽、湖南、湖北、四川、重庆、贵州、云南、西藏、福建、广西。

斜下假瘤蕨

交连假瘤蕨

星蕨亚科 Subfamily Microsoroideae

鳞果星蕨属 *Lepidomicrosorum*

包括原在武陵山区记载的攀缘星蕨（*Microsorum brachylepis*）和 7 种鳞果星蕨属植物，除龙胜鳞果星蕨（*Lepidomicrosorium longshenense*）并入滇鳞果星蕨（*L. subhemionitideum*）外，其他 6 种均被并入鳞果星蕨（*L. buergerianum*）。鳞果星蕨属植物叶片形态变化大，目前尚没有系统的分类学研究，物种之间可能存在自然杂交，其种类处理较为混乱。本书收录 3 种：鳞果星蕨，模式标本采自日本，叶片基部常戟形或有耳状突起；表面鳞果星蕨（*L. superficiale*），叶片厚革质，卵状披针形，叶脉不显，过去文献中常处理为星蕨属表面星蕨（*Microsorum superficiale*）或攀缘星蕨；滇鳞果星蕨，叶片线状披针形，叶片薄草质，基部长下延，叶脉明显；原星蕨属（*Microsorum*）的金佛山星蕨（*M. jinfoshanense*）和红柄星蕨（*M. rubripes*）已处理为滇鳞果星蕨；原记载的滇星蕨（膜叶星蕨）（*M. hymenodes*）与滇鳞果星蕨无明显差异，可能是该种的新异名。

1. 隔丝毛状，单列，先端具腺 ………………………………… 表面星蕨 *L. superficiale*
1. 隔丝盾状，粗筛孔状。
   2. 叶通常小于 10cm，叶片三角形或披针形，基部深心形或膨大；叶片厚纸质，脉络不明显 ………………………………………………… 鳞果星蕨 *L. buergerianum*
   2. 叶通常大于 20cm，叶片线状披针形，基部楔形或渐狭；叶草质，脉络明显 ……………………………………………………………… 滇鳞果星蕨 *L. subhemionitideum*

表面星蕨
Lepidomicrosorium superficiale (Blume) Li Wang

攀缘星蕨 *Microsorum brachylepis* (Baker) Nakaike

Microsorum superficiale (Blume) Ching

安徽、浙江、江西、湖南、湖北、四川、贵州、云南、西藏、福建、台湾、广东、广西；日本、越南、老挝、缅甸、泰国、马来西亚、印度尼西亚、尼泊尔、印度。

表面星蕨

鳞果星蕨

Lepidomicrosorium buergerianum **(Miq.) Ching et K. H. Shing ex S. X. Xu**

细辛叶鳞果星蕨 *Lepidomicrosorium asarifolium* Ching & K. H. Shing

短柄鳞果蕨 *Lepidomicrosorium brevipes* Ching & K. H. Shing

Microsorium buergerianum (Miq.) Ching

斜切鳞果星蕨 *Lepidomicrosorium emeicola* Ching & K. H. Shing

常春藤鳞果星蕨 *Lepidomicrosorium hederaceum* (Christ) Ching

阔基鳞果星蕨 *Lepidomicrosorium latibasis* Ching & K. H. Shing

甘肃、浙江、江西、湖南、湖北、四川、重庆、贵州、云南、台湾、广西；日本、越南。

鳞果星蕨

滇鳞果星蕨

Lepidomicrosorium subhemionitideum **(Christ) P. S. Wang**

滇星蕨（膜叶星蕨）*Microsorum hymenodes* auct. non (Kunze) Ching

金佛山星蕨 *Microsorum jinfoshanense* Ching et Z. Y. Liu

Lepidomicrosorium longshengense Ching et K. H. Shing

红柄星蕨 *Microsorum rubripes* Ching et W. M. Chu

湖南、湖北、四川、重庆、贵州、云南、西藏、广东、广西；日本、越南、缅甸、不丹、尼泊尔、印度。

滇鳞果星蕨

盾蕨属 *Neolepisorus*

包括原包括原记载的盾蕨属植物和星蕨属的江南星蕨（*Microsorum fortunei*）。卵叶盾蕨（*Neolepisorus ovatus*）叶片卵圆形，叶基部楔形、截形、戟形或撕裂状，形态变化较大；盾蕨（*N. ensatus*）叶片狭披针形，基部长下延，过去记载的峨眉盾蕨（*N. omeiensis*）、中华盾蕨（*N. sinensie*）、世伟盾蕨（*N. dengii*）、楔基盾蕨（*N. cuneatus*）、梵净山盾蕨（*N. lancifolius*）等均处理为该种的异名；江南盾蕨（江南星蕨）原属于星蕨属植物，现证实为盾蕨属成员，在武陵山区广布，该种植物的孢子囊群形态变化较大，在北部山区或环境干旱处常孢子囊群在主脉两侧各 1 行，在南部山区或水热条件较好处孢子囊群在主脉两侧 2~3 行。

1. 隔丝为简单的单列毛，顶端细胞具腺体；囊群呈（不整齐的）1 行平行于中肋 ………………………………………… 江南盾蕨 *N. fortunei*
1. 隔丝粗筛孔状，盾状鳞片。
  2. 叶片近中部较阔，渐狭缩至基部 …………………… 盾蕨 *N. ensatus*
  2. 叶片基部或近基部较阔，通常羽状浅裂至二回羽状分裂，渐狭缩至先端 ………………………………………… 卵叶盾蕨 *N. ovatus*
    3. 侧脉间具黄色条纹 …………………… 截基盾蕨 *f. truncatus*
    3. 侧脉间无黄色条纹。
      4. 叶全缘 …………………… 卵叶盾蕨（原变型）*f. ovatus*
      4. 叶片基部多少分裂或具裂片 …………………… 三角叶盾蕨 *f. deltoideus*

江南盾蕨（江南星蕨）
Neolepisorus fortunei (T. Moore) Li Wang

Microsorum fortunei (T. Moore) Ching

山东、河南、陕西、甘肃、安徽、江苏、浙江、江西、湖南、湖北、四川、重庆、贵州、云南、西藏、福建、台湾、广东、广西、海南、香港；越南、缅甸、马来西亚。

江南盾蕨

盾蕨

Neolepisorus ensatus (Thunb.) Ching

楔基盾蕨 *Neolepisorus cuneatus* S. F. Wu
世伟盾蕨 *Neolepisorus dengii* Ching & P. S. Wang
峨眉盾蕨 *Neolepisorus emeiensis* Ching et Shing
梵净山盾蕨 *Neolepisorus lancifolius* Ching & K. H. Shing
中华盾蕨 *Neolepisorus sinensis* Ching

浙江、湖南、湖北、四川、重庆、贵州、云南、台湾；日本、韩国、菲律宾、印度。

盾蕨

卵叶盾蕨

Neolepisorus ovatus (Wall. ex Bedd.) Ching

安徽、江苏、浙江、江西、湖南、湖北、四川、重庆、贵州、云南、福建、广东、广西；越南。

卵叶盾蕨

截基盾蕨

***Neolepisorus ovatus* f. *truncates* (Ching & P. S. Wang) L. Shi & X. C. Zhang**

Neolepisorus truncates Ching & P. S. Wang

广西、贵州、湖南。

截基盾蕨

三角叶盾蕨

***Neolepisorus ovatus* f. *deltoideus* (Baker) Ching**

戟叶盾蕨 *Neolepisorus dengii* f. *hastatus* Ching & P. S. Wang

深裂盾蕨 *Neolepisorus emeiensis* f. *dissectus* Ching & K. H. Shing

重庆、贵州、四川。

三角叶盾蕨

瓦韦属 *Lepisorus*

包括瓦韦属和丝带蕨（*Lepisorus miyoshianus*），武陵山区记载 13 种，野外调查到 9 种。宝华山瓦韦（*L. paohuashanensis Ching*）被并入阔叶瓦韦（*L. tosaensis*）；扭瓦韦（*L. contortus*）、线瓦韦（*L.s onoei*）、乌苏里瓦韦（*L. ussuriensis*）、远叶瓦韦（*L. ussuriensis* var. *distans*）等 4 种未见标本。瓦韦（*L. thunbergianus*）与阔叶瓦韦（*L. tosaensis*）是容易混淆的两个物种，前者多生长在较高海拔，根状茎长而横

走，叶远生；后者多生长在中低海拔地区，根状茎短而横走，叶近生。粤瓦韦（*L. obscurevenulosus*）与稀鳞瓦韦（*L. oligolepidus*）叶形相似，但前者叶柄栗色，叶背光滑，后者叶柄禾秆色，叶背疏被小鳞片；黄瓦韦（*L. asteroleois*）与大瓦韦（*L. macrosphaerus*）是该地区叶形较大的种类，叶形相似，但前者孢子囊群位于叶边与主脉中间，叶脉不明显，后者孢子囊群较靠近叶边，叶脉明显，武陵山区有多份大瓦韦标本记载，作者检查了这些标本，仅有贵州梵净山的标本的孢子囊群紧靠叶边，侧生叶脉明显。丝带蕨原属丝带蕨属（*Drymotaenium*），现分子生物学证据显示该种属于瓦韦属成员，叶片线形，我们在湖北鹤峰有发现，极为珍稀；二色瓦韦（*L. bicolor*）也是当地高海拔地区较为稀有的植物，叶一年生，冬季枯萎，薄纸质，根状茎上的鳞片中心部分黑色，边缘淡棕色。

1. 囊群线形或成熟时汇合呈线形的汇生囊群 ······················ 丝带蕨 *L. miyoshianus*
1. 囊群圆形或椭圆形，分开。
  2. 根茎长横走，丝状，达 1mm 粗 ···························· 乌苏里瓦韦 *L. ussuriensis*
    3. 叶片 1~1. 5 cm 宽，背面无毛（平滑），短渐尖头或钝头；根茎鳞片延伸呈长芒 ·· 乌苏里瓦韦（原变种）var. *ussuriensis*
    3. 叶片 0. 3~1 cm 宽，背面具卵形鳞片，渐尖头；根茎鳞片渐尖头 ·· 远叶瓦韦 var. *distans*
  2. 根茎短至长横走，非丝状，(1~)1.5~4mm 粗；叶片披针形至线形披针形。
    4. 根茎鳞片中部不透明，从不开展。
      5. 根茎短横走，叶簇生 ·· 阔叶瓦韦 *L. tosaensis*
      5. 根茎长横走，叶远生。
        6. 叶柄大多栗棕色，隔丝 0.15~0.30mm ················ 粤瓦韦 *L. obscurevenulosus*
        6. 叶柄淡黄色；隔丝大于 0.3mm。
          7. 叶片阔披针形，中部最宽，下面明显被鳞片；根茎粗，鳞片暗棕色；囊群稍近主脉，彼此接近 ································· 稀鳞瓦韦 *L. oligolepidus*
          7. 叶片披针形，叶无毛状物；根茎较细，鳞片棕色。
            8. 根茎鳞片卵状披针形，仅中部具 1 狭的不透明带，其余透明 ··· 扭瓦韦 *L. contortus*
            8. 根茎鳞片披针形，中部具 1 宽的不透明带和狭的透明边缘。
              9. 根茎鳞片先端非纤维状，叶片中部以下最宽 ········· 瓦韦 *L. thunbergianus*
              9. 根茎鳞片先端长和纤维状，叶片中部最宽 ············ 狭叶瓦韦 *L. angustus*
    4. 根茎鳞片中部半透明或透明，开展或紧贴。
      10. 根茎表面外露，白粉末状；根茎鳞片披针形，宿存，具明显较白的边缘；植株夏绿 ·· 二色瓦韦 *L. bicolor*
      10. 根茎鳞片卵形至渐尖状卵形，边缘全缘，网眼等边长，早落，鳞片不明显的二色；植株常绿。
        11. 囊群近边缘；鳞片卵形，薄，2~3mm ·················· 大瓦韦 *L. macrosphaerus*
        11. 囊群中生；鳞片卵形至渐尖状卵形，厚，小于 2mm。
          12. 叶片 1.5~4cm 宽；根茎鳞片 1.2~2cm×1~1.3mm；隔丝棕色 ·· 黄瓦韦 *L. asterolepis*
          12. 叶片 1~2cm 宽；根茎鳞片约 1×1mm；隔丝淡棕色 ··· 鳞瓦韦 *L. kawakamii*

丝带蕨
***Lepisorus miyoshianus* (Makino) Fraser-Jenkins & Subh. Chandra**
Drymotaenium miyoshianum (Makino) Makino

陕西、甘肃、安徽、浙江、江西、湖南、湖北、四川、重庆、贵州、云南、西藏、福建、台湾、广东；日本、印度。

丝带蕨

乌苏里瓦韦
***Lepisorus ussuriensis* (Regel & Maack) Ching**（野外未见）

黑龙江、吉林、辽宁、内蒙古、河北、北京、山西、山东、河南、安徽、浙江、江西；日本、韩国、俄罗斯。

远叶瓦韦
***Lepisorus ussuriensis* var. *distans* (Makino) Tagawa**（野外未见）
Lepisorus distans(Makino)Ching

山东、安徽、浙江、江西；日本、韩国。

阔叶瓦韦
***Lepisorus tosaensis* (Makino) H. Itô**
宝华山瓦韦 *Lepisorus paohuashanensis* Ching

新疆、安徽、江苏、浙江、江西、湖南、湖北、四川、重庆、贵州、云南、西藏、福建、台湾、广东、广西、海南、香港；日本、韩国、越南。

阔叶瓦韦

粤瓦韦
***Lepisorus obscurevenulosus* (Hayata) Ching**

安徽、浙江、江西、湖南、四川、重庆、贵州、云南、福建、台湾、广东、广西；日本、越南。

粤瓦韦

稀鳞瓦韦
***Lepisorus oligolepidus* (Baker) Ching**（野外未见）

河南、陕西、安徽、浙江、江西、湖南、湖北、四川、重庆、贵州、云南、西藏、福建、广东、广西；日本、缅甸、印度。

扭瓦韦
***Lepisorus contortus* (Christ) Ching**（野外未见）

山东、河南、陕西、甘肃、安徽、浙江、江西、湖南、湖北、四川、重庆、贵州、云南、西藏、福建、广西；不丹、尼泊尔、印度。

扭瓦韦（照片拍自重庆金佛山）

瓦韦
Lepisorus thunbergianus (Kaulf.) Ching

北京、山西、山东、河南、甘肃、安徽、江苏、上海、浙江、江西、湖南、湖北、四川、重庆、贵州、云南、西藏、福建、台湾、广东、广西、海南、香港、澳门；日本、韩国、菲律宾、不丹、尼泊尔、印度。

瓦韦

狭叶瓦韦
Lepisorus angustus Ching

河南、陕西、甘肃、安徽、浙江、湖南、湖北、四川、重庆、云南、西藏、广西。

狭叶瓦韦

两色瓦韦
***Lepisorus bicolor* (Takeda) Ching**

河南、甘肃、湖南、湖北、四川、重庆、贵州、云南、西藏；尼泊尔、印度。

两色瓦韦

大瓦韦
***Lepisorus macrosphaerus* (Baker) Ching**

河南、甘肃、安徽、浙江、江西、湖北、四川、重庆、贵州、云南、西藏、广西。

大瓦韦

黄瓦韦（星鳞瓦韦）
***Lepisorus asterolepis* (Baker) Ching ex S. X. Xu**

河南、陕西、安徽、江苏、浙江、江西、湖南、湖北、四川、重庆、贵州、云南、西藏、福建、广西；日本、尼泊尔、印度。

黄瓦韦

鳞瓦韦
Lepisorus kawakamii (Hayata) Tagawa

湖南、湖北、贵州、台湾。

鳞瓦韦

薄唇蕨属 *Leptochilus*

包括原秦仁昌系统的线蕨属（*Colysis*），武陵山区记载6种，其中2种野外未见。矩圆线蕨（*Leptochilus henryi*）为单叶，武陵山各地常见；原记载的线蕨（*C. elliptica*）、宽羽线蕨（*C. pothifolia*）和曲边线蕨（*C. flexiloba*）均为1回羽状复叶，羽片形态有稍微差别，现已全部分别处理为线蕨的变种（var. *ellipticus*）、（var. *pothifolius*）和（var. *flexilobus*）。原记载的长柄线蕨（*C. liouii*）现已并入矩圆线蕨，作者也查看了当前采集的标本（湖南桑植，北京队 003731，PE！）并确认是矩圆线蕨；原记载的绿叶线蕨（*C. leveilei*）未见标本。另在武陵山区南部毗邻地区如湖南通道、江华和贵州榕江等地，还分布有掌叶线蕨（*L. digitatus*）、断线蕨（*L. hemionitideus*）、胄叶线蕨（*L.×hemitomus*）等，可能在武陵山区南部也有分布。

1\. 叶片羽状深裂……线蕨 *L. ellipticus*
 2\. 叶羽状分裂，叶轴具宽翅，边缘明显波状起伏至波状……曲边线蕨 var. *flexilobus*
 2\. 叶羽状至羽状全裂，叶轴具狭翅，边缘全缘或有时不明显的略波状起伏。
  3\. 植株 30~50cm，叶近二型，纸质，叶脉和小脉不明显，最大裂片 7~12cm×0.9~1.6cm，根茎 2.5~4.5mm 宽……线蕨（原变种）var. *ellipticus*
  3\. 植株 70~100cm，叶单型，草质，叶脉和小脉明显，最大裂片 13~24cm×1.7~2.8cm，根茎 5~10mm 宽……宽羽线蕨 var. *pothifolius*
1\. 单叶，叶片全缘和略波状。
 4\. 叶二型……长柄线蕨 *L. pedunculatus*
 4\. 叶一型。
  5\. 叶片椭圆形或卵状披针形；叶片通常中部以下急狭缩，叶脉不明晰……矩圆线蕨 *L. henryi*
  5\. 叶片狭线形；叶片渐下延近至基部，叶脉明显……绿叶线蕨 *L. leveillei*

线蕨

***Leptochilus ellipticus* (Thunb.) Noot.**

Colysis elliptica (Thunb.) Ching

甘肃、安徽、江苏、浙江、江西、湖南、四川、重庆、贵州、云南、西藏、福建、台湾、广东、广西、海南、香港、澳门；日本、韩国、菲律宾、越南、缅甸、泰国、不丹、尼泊尔、印度。

线蕨

曲边线蕨

***Leptochilus ellipticus* var. *flexilobus* (Christ) X. C. Zhang**

Colysis flexiloba (Christ) Ching

江西、湖南、四川、重庆、贵州、云南、台湾、广西；越南。

曲边线蕨

宽羽线蕨

Leptochilus ellipticus var. *pothifolius* (Buch.-Ham. ex D. Don) X. C. Zhang

Colysis elliptica (Thunb.) Ching var. *pothifolia* (Buch.-Ham. ex D. Don) Ching

浙江、江西、湖南、湖北、重庆、贵州、云南、福建、台湾、广东、广西、海南、香港；日本、菲律宾、越南、缅甸、泰国、不丹、尼泊尔、印度。

宽羽线蕨

长柄线蕨

Leptochilus pedunculatus (Hook. et Grev.) Fraser-Jenk.（野外未见）

Colysis pedunculata (Hook. et Grev.) Ching

云南、西藏、广东、广西、海南；越南、泰国、马来西亚、印度尼西亚、印度。

矩圆线蕨

Leptochilus henryi (Baker) X. C. Zhang

Colysis henryi (Baker) Ching

长柄线蕨 *Colysis lioui* Ching

陕西、江苏、浙江、江西、湖南、湖北、四川、重庆、贵州、云南、福建、台湾、广西。

矩圆线蕨

绿叶线蕨

***Leptochilus leveillei* (Christ) X. C. Zhang & Noot.**（野外未见）

Colysis leveillei (Christ) Ching

江西、湖南、贵州、福建、广东、广西。

星蕨属 *Microsorum*

星蕨属中的部分成员已处理为其他归属类群，武陵山区产 1 种，羽裂星蕨（*Microsorum dilatatum*），现已处理为（*M. insigne*）。该种叶片一回羽状深裂，叶轴下面半圆形。原记载的滇星蕨（*M. hymenodes*）已处理为膜叶星蕨（*M. membranaceum*）异名，作者检查了 PE 标本馆秦仁昌鉴定的贵州江口（江口县大河边黑湾，简焯坡、张秀实等 32570）、印江（印江护国寺附近，张志松、党成忠等 401767）一带鉴定为滇星蕨的标本照片，叶片为单叶，阔披针形，膜质或草质，实为滇鳞果星蕨，武陵山区没有确切的膜叶星蕨的标本记录。作者也检查了 CVH 网站上公布的秦仁昌拍摄的（*M. hymenodes*）模式植物标本照片，与膜叶星蕨形态相差甚远，更近似滇鳞果星蕨，《Flora of China》中的修订处理可能有误。

羽裂星蕨

***Microsorum insigne* (Blume) Copel.**

Microsorium dilatatum (Bedd.) Sledge

江西、湖南、四川、重庆、贵州、云南、西藏、福建、台湾、广东、广西、海南、香港；日本、菲律宾、越南、缅甸、泰国、马来西亚、印度尼西亚、不丹、尼泊尔、印度、斯里兰卡。

羽裂星蕨

伏石蕨属 *Lemmaphyllum*

包括秦仁昌系统中的骨牌蕨属（*Lepidogrammitis*），武陵山区产 3 种。骨牌蕨（*Lemmaphyllum rostratum*）孢子叶和营养叶同型，叶片卵圆形或椭圆形，在各地石上或树干上广泛分布；披针骨牌蕨（*L. diversum*）叶二型，营养叶较宽，3~10cm，渐尖头；抱石莲（*L. drymoglossoides*）叶形较小，二型，营养叶 1~3cm，圆钝头。原记载的长叶骨牌蕨（*Lepidogrammitis elongata*）、中间骨牌蕨（*L. intermedia*）已并入披针骨牌蕨；峨眉骨牌蕨（*L. omeiensis*）可能是未发表的裸名，作者在其他相关文献及 IPNI、TPL 等网站均为检索到该名称。

1\. 能育叶卵形至椭圆形，2~2.5cm 宽，与不育叶形态相似 ……… 骨牌蕨 *L. rostratum*
1\. 能育叶披针形、狭长圆形或倒披针形至匙形，大多 0. 4~1cm 宽，宽小于不育叶。
2\. 不育叶片 3~10cm，直立至下垂 ……………………………… 披针骨牌蕨 *L. diversum*
2\. 不育叶片 1~3cm，通常紧贴至基质 ……………………… 抱石莲 *L. drymoglossoides*

骨牌蕨
***Lemmaphyllum rostratum* (Bedd.) Tagawa**

梨叶骨牌蕨 *Lepidogrammitis pyriformis* (Ching) Ching

甘肃、浙江、湖南、湖北、四川、贵州、云南、西藏、台湾、广东、广西、海南、香港；日本、越南、老挝、缅甸、泰国、柬埔寨、印度尼西亚、不丹、尼泊尔、印度。

骨牌蕨

披针骨牌蕨
***Lemmaphyllum diversum* (Rosenst.) Tagawa**

长叶骨牌蕨 *Lepidogrammitis elongata* Ching

中间骨牌蕨 *Lepidogrammitis intermedium* Ching

甘肃、浙江、湖南、湖北、四川、贵州、云南、西藏、台湾、广东、广西、海南、香港；日本、越南、老挝、缅甸、泰国、柬埔寨、印度尼西亚、不丹、尼泊尔、印度。

披针骨牌蕨

抱石莲

***Lemmaphyllum drymoglossoides* (Baker) Ching**

Lepidogrammitis drymoglossoides (Baker) Ching

广泛分布于长江流域各地。

抱石莲

水龙骨亚科 Subfamily Polypodioideae

棱脉蕨属 *Goniophlebium*

PPGI系统中广义的棱脉蕨属包括原水龙骨属（*Polypodiodes*）、拟水龙骨属（*Polypodiastrum*）、篦齿蕨属（*Metapolypodium*）等，这3个类群均为单系（陆树刚等，2006），武陵山区产3种。日本水龙骨（*Goniophlebium niponicum*）广布，根状茎近光滑并成灰白色，叶片两面密被柔毛。中华水龙骨（*G. chinense*）植株较小，叶片下面光滑，孢子囊群位于主脉和叶边中间；原记载的假友水龙骨（*P. pseudoamoena*）没有合格发表，被认为是与中华水龙骨为同一物种。友水龙骨（*G. amoenum*）根状茎密被棕色鳞片，叶背无毛但疏被棕色小鳞片，孢子囊群近中脉；友水龙骨记载有3变种，根据该种的叶柄颜色、叶背是否被毛及裂片上叶脉是否明显等区别，本书认为这是该种的生境变异，不予以区分或处理为变种分类等级。

1\. 根茎被白粉和稀疏鳞片或仅较幼嫩的部分被鳞片；裂片边缘全缘 …………………… 日本水龙骨 *G. niponicum*
1\. 根茎通常密被鳞片，无白粉；裂片边缘通常具缺刻至具锯齿。
  2\. 根茎鳞片线状钻形，相对稀疏；裂片边缘全缘 ………… 日本水龙骨 *G. niponicum*
  2\. 根茎鳞片较宽，通常覆盖根茎；裂片边缘具缺刻至具锯齿。
    3\. 根茎 2~4mm 粗，鳞片黑色；叶片裂片 5~7mm 宽；囊群近中肋 …………………… 中华水龙骨 *G. chinense*
    3\. 根茎 5~7mm 粗，鳞片暗棕色；叶片裂片 15~20mm 宽；囊群中生 …………………… 友水龙骨 *G. amoenum*

日本水龙骨

***Goniophlebium niponicum* (Mett.) Bedd.**

Polypodiodes niponica (Mett.) Ching

山西、河南、甘肃、安徽、江苏、浙江、江西、湖南、湖北、四川、重庆、贵州、云南、西藏、福建、台湾、广东、广西；日本、越南、印度。

中华水龙骨

***Goniophlebium chinense* (Christ) X.C.Zhang**

Polypodiodes chinensis (Christ) S. G. Lu

河北、山西、河南、陕西、甘肃、安徽、江苏、浙江、江西、湖南、湖北、四川、贵州、云南、台湾、广东。

日本水龙骨　　中华水龙骨

友水龙骨
***Goniophlebium amoenum* (Wall. ex Mett.) Bedd.**

Polypodiodes amoena (Wall. ex Mett.) Ching

山西、河南、安徽、浙江、江西、湖南、湖北、四川、重庆、贵州、云南、西藏、台湾、广东、广西、海南；越南、老挝、缅甸、泰国、不丹、尼泊尔、印度。

友水龙骨

睫毛蕨属 *Pleurosoriopsis*

仅 1 种，睫毛蕨 (*Pleurosoriopsis makinoi*)，形体微小，根状茎细长横走，二回羽状，羽片叶脉分离，边缘密被睫毛，孢子囊群粗线形，无盖，沿叶脉着生。在湖南石门、桑植等地海拔 1200m 以上的山顶密林中附生。

睫毛蕨
***Pleurosoriopsis makinoi* (Maxim. ex Makino) Fomin**

黑龙江、吉林、辽宁、河南、陕西、甘肃、湖南、湖北、四川、重庆、贵州、云南；日本、韩国、俄罗斯。

睫毛蕨

禾叶蕨亚科 Subfamily Grammitidoideae

裂禾蕨属 *Tomophyllum*

产 1 种，原记载名为禾叶蕨科（Grammitidaceae）的虎尾蒿蕨（*Ctenopteris subfalcata*），《Flora of China》认为中国产的虎尾蒿蕨为该种的错误鉴定。我们没有在湖南桑植天平山采集到该种的活植物，但在 CVH 网站检索到该种的凭证标本。

裂禾蕨（虎尾蒿蕨）

***Tomophyllum donianum* (Spreng.) Fraser-Jenk. et Parris**（野外未见）

Ctenopteris subfalcata auct. non (Blume) Kunze

安徽、湖南、四川、贵州、云南、西藏、台湾；不丹、尼泊尔、印度。

裂禾蕨（活体照片拍自湖南东安）

参 考 文 献

1. Kuo L Y, Ebihara A, Hsu T C, et al. Infrageneric revision of the fern genus *Deparia* (Athyriaceae, Aspleniineae, Polypodiales)[J]. Systematic Botany, 2018, 43(3):645-655.

2. Schuettpelz E, Schneider H, Smith,Alan R, et al. A community-derived classification for extant lycophytes and ferns[J]. Journal of Systematics and Evolution, 2016, 54(6): 563 - 603.

3. Shrestha N, Zhang X C. Recircumscription of *Huperzia serrata* complex in China using morphological and climatic data[J]. Journal of Systematics and Evolution, 2015, 53(1): 88-103.

4. Wang A H, Wang F G, Zhang W W, et al. Revision of series Gravesiana (*Adiantum* L.) based on morphological characteristics, spores and phylogenetic analyses[J]. Plos ONE, 2017, 12(4): e0172729.

5. Wei R , Schneider H , Zhang XC . Toward a new circumscription of the twinsorus-fern genus *Diplazium* (Athyriaceae): A molecular phylogeny with morphological implications and infrageneric taxonomy[J]. Taxon, 2013, 62(3):441-457.

6. Wu Z Y, Hong D Y. Flora of China(vol. 2-3)[M]. Beijing: Science Press; St. Louis: Missouri Botanical Garden Press, 2013.

7. Xu K W, Zhang L, Lu NT, et al. Nine new species of *Hymenasplenium* (Aspleniaceae) from Asia[J]. Phytotaxa, 2018, 358(1):1-25.

8. Xu K W, Zhou X M, Yin Q Y, et al. A global plastid phylogeny uncovers extensive cryptic speciation in the fern genus *Hymenasplenium* (Aspleniaceae)[J]. Molecular Phylogenetics & Evolution, 2018, 127:S1055-7903(18)30050-2.

9. Zhou X M, Zhang LB. A classification of *Selaginella* (Selaginellaceae) based on molecular (chloroplast and nuclear), macromorphological, and spore features[J]. Taxon, 2015, 64(6):1117-1140.

10. 顾钰峰，韦宏金，卫然，等 . 中国双盖蕨属一新记录种——*Diplazium×kidoi* Sa. Kurata[J]. 植物科学学报，2014，32（4）：336-339.

11. 谷忠村，陈功锡 . 湖南蕨类植物新资料 [J]. 吉首大学学报（自然科学），1993，14（6）：26-28.

12.《湖南植物志》编辑委员会 . 湖南植物志（第一卷）[M]. 长沙：湖南科学技术出版社，2004.

13. 李新国，吴世福，宋国元 . 湖南省蕨类植物分布新记录（二）[J]. 植物研究，2002，22（2）

14. 李新国，吴世福，夏志华 . 湖南省线蕨属（Colysis）植物分布新记录 [J]. 上海师范大学学报，2006，35（2）：71–74.

15. 刘炳荣，严岳鸿 . 湖南蕨类植物区系新资料 [J]. 植物研究，2006，26（1）：25–28.

16. 刘炳荣，严岳鸿 . 湖南蕨类植物区系新资料（2）[J]. 植物研究，2007，27（1）：16–19.

17. 陆树刚，李春香 . 用叶绿体 rbcL 和 rps4–trnS 区序列确定亚洲特有单型属——篦齿蕨属的系统位置 [J]. 植物分类学报，2006，44（5）：494–502.

18.《四川植物志》编辑委员会 . 四川植物志（第六卷）[M]. 成都：四川科学技术出版社，1988.

19. 王培善，王筱英 . 贵州蕨类植物志 [M]. 贵阳：贵州科技出版社，2001.

20. 王文采 . 武陵山地区维管植物检索表 [M]. 北京：科学出版社，1995.

21. 严岳鸿，张宪春，周喜乐，等 . 中国生物物种名录（第一卷），植物，蕨类植物 [M]. 北京：科学出版社，2016.

22. 张丽兵，孔宪需 . 中国马尾杉属拟石杉组（新组）的分类研究及马尾杉属的属下分类 [J]. 植物分类学报，1999，37（1）：40–53.

23. 中国科学院中国植物志编辑委员会，中国植物志 2[M]. 北京：科学出版社，1959.

24. 中国科学院中国植物志编辑委员会，中国植物志 3（1）[M]. 北京：科学出版社，1990.

25. 中国科学院中国植物志编辑委员会，中国植物志 3（2）[M]. 北京：科学出版社，1999.

26. 中国科学院中国植物志编辑委员会，中国植物志 4（1）[M]. 北京：科学出版社，1999.

27. 中国科学院中国植物志编辑委员会，中国植物志 4（2）[M]. 北京：科学出版社，1999.

28. 中国科学院中国植物志编辑委员会，中国植物志 6（1）[M]. 北京：科学出版社，1999.

29. 中国科学院中国植物志编辑委员会，中国植物志 5（1）[M]. 北京：科学出版社，2000.

30. 中国科学院中国植物志编辑委员会，中国植物志 6（2）[M]. 北京：科学出版社，2000.

31. 中国科学院中国植物志编辑委员会，中国植物志 5（2）[M]. 北京：科学出版社，2001.

32. 中国科学院中国植物志编辑委员会，中国植物志 6（3）[M]. 北京：科学出版社，2004.

33. 周喜乐，张宪春，孙久琼，等 . 中国石松类和蕨类植物的多样性与地理分布 [J]. 生物多样性，2016，24（1）：102–107.